张仲凤 黄凯 著

中国传统家具现代化研究

Research on the Modernization of Chinese Traditional Furniture

中国轻工业出版社

图书在版编目（CIP）数据

中国传统家具现代化研究 / 张仲凤，黄凯著 . --
北京：中国轻工业出版社，2025.5. -- ISBN 978-7
-5184-5454-9

Ⅰ . TS666.2

中国国家版本馆 CIP 数据核字第 2025QN8108 号

责任编辑：朱利利　　　责任终审：高惠京　　设计制作：锋尚设计
策划编辑：王　淳　朱利利　　责任校对：吴大朋　　责任监印：张京华

出版发行：中国轻工业出版社（北京鲁谷东街5号，邮编：100040）

印　　刷：天津裕同印刷有限公司

经　　销：各地新华书店

版　　次：2025年5月第1版第1次印刷

开　　本：787×1092　1/16　印张：7.5

字　　数：120千字

书　　号：ISBN 978-7-5184-5454-9　定价：68.00元

邮购电话：010-85119873

发行电话：010-85119832　010-85119912

网　　址：http://www.chlip.com.cn

Email：club@chlip.com.cn

版权所有　侵权必究

如发现图书残缺请与我社邮购联系调换

240595K4X101ZBW

导言

中国传统家具是中华优秀传统文化的重要组成部分，也是中华民族具有代表性的文化遗产，要不断提升其保护、传承、利用水平，因此中国传统家具的现代化研究成为主要问题。更为重要的是，以中国传统家具生产性保护为滥觞的红木家具产业受益于昔日的人口红利得到了规模化发展，不仅成为支撑区域性经济社会发展的特色优势产业，也成为满足人们美好生活需要的重要民生产业。但受近年国际环境复杂多变对全球经济增长的明显放缓、《濒危野生动植物种国际贸易公约》对红木原料供给的持续限制、定制家居行业全屋整装对红木家具市场的不断挤压等影响，红木家具产业正面临前所未有的发展危机。如何破局？路向何方？面对如此急难愁盼的现实问题，近年来东阳市家具研究院把研究重点落于"如何实现中国传统家具现代化"上，并在张仲凤教授领衔下开展研究。

然而，在把握"如何实现中国传统家具现代化"这个研究问题上，本研究并不希望单纯以"形而上"的方式抽象讨论其理论逻辑，从而得到所谓"放之四海而皆准"的一般性之法，而是贯彻基于"现代化"的复杂多元而非线性的理解，力求开放中国传统家具现代化的各种现实可能性，打破妄图寻求中国传统家具现代化的"标准答案"以及一劳永逸地解决红木家具产业发展危机的幻想。如此定位这个研究问题主要因为：一是在"抽象求本"思维方式主导下，追求丰富多彩现象背后的"普遍本质"并不意味着把中国传统家具现代化的现实命运完全交给单纯的客观规律；二是通往中国传统家具现代化并非只有一条路，妄图寻求"标准答案"是不可取的；三是中国传统家具现代化在产业具体实践中实现自身，各个红木家具主产区正面临发展危机，亟待针对性、有效性对策的回应。

于是，本研究在中国式现代化的语境下探讨中国传统家具的现代化，并遵循理论性与实践性相统一、批评性与建设性相统一、特殊性与普遍性相统一的原则去展开研究。首先，重新阐释与辨析"中国传统家具"这个颇具争议的概念，这是理解中国传统家具现代化的基本前提；其次，宏观把握中国传统家具现代化研究进展，呈现中国传统家具现代化的基本面向，有助于突破中国传统家具现代化的"一元"或"绝对"思想禁锢，同时也有利于捕捉和创造中国传统家具现代化的机遇，从而为实现中国传统家具现代化提供思想和理论基础；再次，从中国传统家具现代化的红木家具产业实践出发，尤其着重以引领全国红木家具产业发展的东阳具体实践为考察对象，在中国式现代化的语境下为解决其发展问题而提供针对性、有效性策略，同时具体呈现中国传统家具现代化的新职业、新基础、新动能、新模式、新业态，也正是通过这一系列特殊性的具体实践过程，中国传统家具现代化的普遍性才能得到自我实现，这将真正使得中国传统家具现代化实现之路从"单一"走向"多元"；最后，"中国的椅子"创新奖不仅提供了一个公益性设计竞赛式平台，而且从产品设计维度展现了中国传统家具现代化的各种现实可能性，同时也从评选主题维度构建了"源于匠心、达于聚艺、归于品质"的东阳创新实践主线，而这种实践主线所具有的价值观、方法论特征，对进一步认识与实践中国传统家具现代化也具有特别的启示意义。

  本研究得到了红木家具产业国家创新联盟、历届"中国的椅子"创新奖评选活动的获奖者、相关企业以及专家学者的大力支持，在此一并表示衷心的感谢！同时受学识、精力、时间等因素的影响，难免会有纰漏之处，敬请广大读者批评指正！

东阳市家具研究院

2025年4月

目录

第一章 中国传统家具概念重塑

一、众说"中国传统家具"概念 ················ 1

二、重塑"中国传统家具"概念 ················ 4

三、"中国传统家具"相关概念辨析 ············ 8

第二章 中国传统家具现代化研究进展

一、中国传统家具现代化的研究范畴 ············ 11

二、中国传统家具现代化的研究视角 ············ 17

三、中国传统家具现代化的研究范式 ············ 19

四、中国传统家具现代化研究展望 ·············· 22

第三章 新职业：红木家具保养师

一、红木家具保养技能开发的内涵与特征 ········ 26

二、红木家具保养技能开发的实践逻辑 ·········· 28

三、红木家具保养师新职业表征 ················ 30

第四章 新基础：红木家具产品质量标准化

一、红木家具产品质量标准化发展现状 ·········· 33

二、红木家具产品质量标准化的现实困境 ········ 35

三、红木家具产品质量标准化的提升进路 ········ 38

第五章　新动能：红木家具企业科技创新

一、红木家具企业科技创新基本现状 ·· 43

二、红木家具企业科技创新存在的问题 ·· 45

三、红木家具企业科技创新的推进策略 ·· 47

第六章　新模式：红木家具企业"油改水"转型

一、红木家具企业"油改水"转型的实践逻辑 ································ 54

二、红木家具企业"油改水"转型的现实困境 ································ 57

三、红木家具企业"油改水"转型的优化路径 ································ 62

第七章　新业态：红木家具行业中式整装发展

一、全屋整装对红木家具行业的重要启示 ···································· 67

二、红木家具行业对中式整装的实践探索 ···································· 68

三、制约中式整装发展的关键共性问题 ·· 71

四、培育中式整装新业态的突破策略 ·· 74

第八章　新价值："中国的椅子"创新奖

一、设计驱动中国传统家具创造新价值 ·· 78

二、设计竞赛式竞争——"中国的椅子"创新奖 ···························· 80

三、"中国的椅子"创新奖获奖作品鉴赏 ······································ 83

参考文献 ··· 108

第一章
中国传统家具概念重塑

中国家具文化源远流长,以明清家具为光辉典范的中国传统家具在世界家具史上占据着重要地位。而中国式现代化作为一种全新的人类文明形态,又深深根植于中华优秀传统文化,鉴于此,中国传统家具的现代化应是中国式现代化的重要步骤和具体表现。然而,值得注意的是,人们对"中国传统家具"的理解却仍然见仁见智,并常常与"中国古代家具""中国古典家具""明清家具""中国红木家具""中式仿古家具"等术语概念混用或替用,混淆了人们对"中国传统家具"的研究论域与应用场域,这可能导致人们对中国传统家具现代化认识与实践出现种种错误与偏差。换言之,若中国传统家具无法定位,中国传统家具现代化也无从谈起。为此,有必要对"中国传统家具"进行重新阐释,进一步厘清"中国传统家具"的外延与内涵,以重塑"中国传统家具"概念。

一、众说"中国传统家具"概念

在《关于实施中华优秀传统文化传承发展工程的意见》的推动下,究竟什么是中国传统家具,哪些家具算是中国传统家具,引起了产业界、学术界有识之士的广泛关注,他们也对"中国传统家具"下了不同的定义,对"中国传统家具"与"非中国传统家具"作出了不同划分。

产业界对"中国传统家具"进行定义或阐释最具代表性的有两种:其一是,2005年5月26日中国家具协会传统家具专业委员会成立大会通过了《中国家具协会传统家具专业委员会章程》,该章程明确,"本专业委员会所指的'中国传统家具'

是泛指以传统造型和做法为主，在继承传统基础上发展创新的各类家具，包括通常所称红木、硬木、中性木材、软性木材以及其他材料制作的各类家具，不具有特别的学术意义"。[1]其二是，2020年1月1日起实施的推荐性国家标准《中国传统家具名词术语》（GB/T 37646-2019）中的术语规定，"中国传统家具是具有中国传统造型和工艺并体现中国传统文化元素的家具"。[2]

而在学术界，学者们根据自身的学术立场与兴趣对"中国传统家具"形成了彼此不同甚至截然相反的理解与判断。如中国家具研究领域的重要学者之一陈增弼先生在《传薪：中国古代家具研究》一书中将中国传统家具划分为夏商周及以前家具、三国两晋南北朝时期家具、隋唐五代时期家具、宋代家具、元代家具、明代家具与明式家具（明代和盛清以前）、清式家具（乾隆以后直至清末民初）。[3]方海教授在《艺术与家具》一书中认为，"中国传统家具区别于欧洲家具系统，是具有完全不同的艺术风貌与功能组合的另一种系统，属于典型的功能演化的结果，且始终伴随着中华民族在不同时代发展出来的不同艺术门类的启迪和推动"。[4]而许美琪教授在《中国传统家具的文化基因》一文中提出，"中国传统家具浸淫在中国传统主流文化和中国民俗文化之中，并进行物化，形成了中国独有的体系，而对中国传统家具的时间坐标和空间坐标的考察和分析是认识中国传统家具的根本出发点"。"中国传统家具从史前（彩绘木家具）、商周（青铜家具）开始，到秦（漆木家具）、汉（矮坐家具）、南北朝、隋唐及五代（由矮坐到高坐的过渡时期）、至宋元（垂足而坐的高坐家具），再到明清、民国"；[5]并在《中国传统家具的体系》一文中强调，"中国传统家具作为古代中国人生活样式中使用的主要器具，具有自己的文化取向和价值判断，有独特的制造工艺和审美表现而形成体系，但因其根植于农业社会，只有吸收现代价值才能焕发生机，这是我们在继承中国传统家具这个珍贵的历史遗产时必须清醒认识的"。[6]刘文金教授在《对中国传统家具现代化研究的思考》一文中则提出，"中国传统家具既是中国传统文化的一面镜子，又是中国传统文化的一个重要组成部分。""无论是传统家具还是现代家具，由于各国的文化底蕴和对设计的理解不同、不同时代的人其价值观和审美观也不同，应该有各自的不同特点。"[7]

中国高等教育家具设计专业创始人胡景初先生在《家具设计辞典》一书中认为，"我国家具历史悠久，工艺精湛，至明代发展到它的历史高峰，形成了鲜明、独特的民族风格。在我国许多地方，至今保持着我国的传统做法和样式，继承这些做法和式样的家具，都称之为传统家具。"[1]而邵晓峰教授在《中国传统家具和绘画的关系研究》一文中指出"将具有中华民族传统造型审美意识、装饰形式和用材特点的家具称为中国传统家具，并不限于古代中国的家具，还包括具有中国传统家具风格的家具。"[8]戴向东教授在《中国传统家具艺术在当代的振兴思辨（上）》一文中也认为，"'中国传统家具'应该包含两层意义：一是带有明确的时代性，'传统'表现出与'现代'相对应的关系，即表示是现代之前既有的家具；二是能够反映中国过往特定历史时期生活方式与习俗，或者具有旧时古典家具的神韵（包括用材、结构、工艺等），如新中式家具等都可以归入广义的'传统家具'范畴。"[9]薛坤教授在《传统家具榫卯结构研究》一书中提出，"中国传统家具不应该被理解为固化的概念，而是一个不断发展的、开放的体系，而现代意义上的传统家具始于20世纪70年代。"[10]

当前中国家具研究领域也涌现了一批年轻学者，他们对"中国传统家具"的概念界说有着自己的独立见解。如河南工业大学设计艺术学院冯雨博士在《中国传统家具文化的十个特征》一文中归纳了中国传统家具的十个文化特征，即鲜明的地域文化和民族差异性、功能具有生产与生活紧密结合、使用观念受儒家"礼治"思想影响、受"佛教"文化影响、造物观念受"阴阳平衡"观念影响、设计意趣深受文人阶层影响、形态受书画艺术影响呈现线性、结构受建筑结构影响较为直接、装饰受传统幸福观念影响显著、传播受人口迁移与民族融合影响。[11]西南林业大学家具工程系周雪冰主任在《中国古代传统家具的演进特征研究》一文中提出，"对于中国传统家具而言，从古到今、各式各样的造型、结构、材料等方面是其外化特征，隐藏其内的'传统性'（或传统精神、传统情境）这一共时性特质是其核心与要义，应作为其概念的落脚点。""中国传统家具的概念范围不仅包括中国古代产生的具有'传统性'特征的家具，也应包括中国近现代以来产生的具有"传统性"特征的家具。"[12]

上述对"中国传统家具"概念的诸多研究、理解或阐释，帮助我们对"中国传统家具"有了越来越全面的认识，而这也恰恰说明了"中国传统家具"的概念生产尚未完成。更为重要的是，从以上对"中国传统家具"的解读中，我们可以发现一个基本共识：中国传统家具并非是独立于人的自然存在，而是中华民族在特定历史条件下的社会具体实践产物，即社会人工物，这应该成为我们认识"中国传统家具"的根本依据。于是我们可以在马克思主义实践观的指导下，重新阐发"中国传统家具"这一概念。

二、重塑"中国传统家具"概念

概念是反映对象本质属性的思维形式,也是形成观念、思想、理论的最基本组成单元。在操作上,明确一个概念既可以在认识对象本质属性的基础上,通过定义其内涵来达成,也可以在认识对象所涉及范围的前提下,通过划分明确概念的外延来实现。[13]但在马克思主义实践观指导下,重塑"中国传统家具"概念,就意味着贯彻实践观的基本立场,结合现实情况与发展需要,考察历来"中国传统家具"所指称的对象以及这些对象之间共同的且与其他对象不同的属性,重新定位"中国传统家具"的外延,并挖掘其本质属性以实现"中国传统家具"概念之重塑。

(一)"中国传统家具"外延的重新定位

把"中国传统家具"作为一个专门对象进行图册出版介绍始于20世纪20年代的欧洲。1922年,英国学者赫伯特·塞斯辛基编著的CHINESE FURNITURE出版,随后,1926年法国学者莫里斯·杜邦出版同一名称著作。两部著作相对客观地反映了当时西方社会对中国家具的看法与理解,但局限于明清时期的家具实例,尤其是使用髹漆工艺的家具。1944年,德籍教授古斯塔夫·艾克出版了CHINESE DOMESTIC FURNITURE,首次利用科学原理对中国传统家具进行测绘分析与对比研究,开启了中国传统家具科学研究的历史篇章,由于全书收录的家具品类以明式黄花梨家具为主,中文译名为《中国花梨家具图考》,由此说明艾克所述的"中国传统家具"也有较为明确的指称对象。艾克的研究成果引起了世人对中国传统家具文化的重视,成为西方藏家早期辨别明式家具的指南。时隔四年后,担任美国纽约布鲁克林博物馆馆长的乔治·盖茨出版了CHINESE HOUSEHOLD FURNITURE,把"中国传统家具"从具体实物延伸到中晚明时期的书画所描绘的日常生活家具。到20世纪80年代,我国著名收藏家王世襄先生先后出版了《明式家具珍赏》《明式家具研究》,把明及前清时期的家具(狭义的明式家具)研究提高到了一个新的水平,同时掀起了西方收藏中国家具的浪潮。与此同时,王先生认为"明至清前期的家具(明式家具)是中国传统家具的黄金时代"[14],这既是王先生对明式家具历史地位的高度评价,也体现了王先生洞悉到"明式家具"与"中国传统家具"概念之差异的学术自觉。自此以后,随着国内外有关中国传统家具的研究、展览日益增多,人们对"中国传统家具"的认知与理解也越来越丰富。

由此观之，从历史发展的角度来看，"中国传统家具"所指称的对象从收藏亲见的明清时期家具，到中晚明时期书画描绘的家具，再到明至前清时期的家具（明式家具），以及民国以往的家具，甚至到今天具有中国传统造型和工艺并体现中国传统文化元素的家具，所涉及的范围持续增大，这意味着"中国传统家具"的外延越来越广。然而，对"中国传统家具"外延争议的焦点主要集中在，继承我国传统做法和式样的家具是否属于中国传统家具之范围，甚至再明确一些，中国从封建社会沦为半殖民地半封建社会是不是中国传统家具外延边界的分水岭。正如前文所述，陈增弼先生将中国传统家具划分为夏商周及以前家具、三国两晋南北朝时期家具、隋唐五代时期家具、宋代家具、元代家具、明代家具与明式家具（明代和盛清以前）、清式家具（乾隆以后直至清末民初），许美琪教授则认为中国传统家具从史前（彩绘木家具）、商周（青铜家具）开始，到秦（漆木家具）、汉（矮坐家具）、南北朝、隋唐及五代（由矮坐到高坐的过渡时期）、至宋元（垂足而坐的高坐家具），再到明清、民国。很显然这两位学者虽然在对中国传统家具的细分归类上存在差异，但在对中国传统家具的外延界定上具有一致性，即认同中国从封建社会沦为半殖民地半封建社会是中国传统家具外延边界的分水岭，从而与胡景初先生一样持相同观点的学者即"将至今那些继承传统做法和式样的家具都视为中国传统家具"相对立。

如果我们不是采用一种自然主义的立场，不把中国传统家具视为单纯的自然存在来理解，而是坚持马克思主义实践观，那么中国传统家具作为中国传统社会中人们对象化活动的产物（即社会化的人工产物），是对生存于中国传统社会特定社会历史下人们的思维方式、行为方式、审美方式等本质性力量的确证与肯定。更进一步地，在外国侵略者打开清朝国门后，封建稳固统治下的农耕文明主导的传统社会已发生根本性改变，也就是说中国沦为半殖民地半封建社会之后的家具造物实践与中国传统社会历史阶段的家具造物实践具有各自不同的社会实践土壤与取向，所形成的家具也就并非单纯自然进化的结果，而是人们在特定社会历史阶段能动性选择的结果，从而能够说明从封建社会沦为半殖民地半封建社会开始是中国传统家具外延边界的分水岭。而且"中国传统社会"应作为其上位概念，并据此划分"中国传统家具"的外延，根据"'中国传统社会'即鸦片战争以前的中国社会或中国封建社会"[15]这一具有深远影响的认识，"中国传统家具"指向的是鸦片战争以前中国社会或中国封建社会人们进行家具造物实践的产物。值得一提的是，通过对"中国传统家具"外延的这种划分，既可以与中国传统社会的建筑、绘画、书法等其他实践产物相互观照，又可以与中国传统家具现代化的各种表现形成对话。

（二）"中国传统家具"内涵的重新定义

根据前文对"中国传统家具"历来所指称对象的考察以及基于马克思主义实践观对"中国传统家具"外延的重新认定，接下来进一步考察外延所涉及对象之间共同的且与其他对象不同的地方，并挖掘出"中国传统家具"的本质属性，从而重新把握"中国传统家具"概念的内涵。

在以往对"中国传统家具"概念的诸多理解中，已经存在对"中国传统家具"共同特征的梳理，也在一定程度上揭示了"中国传统家具"的内涵。具言之，"中国传统家具以传统造型和做法为主"就是把传统造型、做法作为"中国传统家具"这一对象的共同特征，所反映的是"中国传统家具"概念的"传统造型和做法"这一内涵。"中国传统家具具有中国传统造型和工艺并体现中国传统文化元素"就是把传统造型、工艺和文化元素作为"中国传统家具"这一对象的共同特征，所反映的"中国传统家具"概念的内涵则是"传统造型""传统工艺"和"传统文化元素"。"各式各样的造型、结构、材料等方面是中国传统家具的外化特征，隐藏其内的'传统性（或传统精神、传统情境）'这一共时性特质是其核心与要义"则重点强调"中国传统家具"所蕴含的传统精神或所创设的传统情境的共同特征，而将"传统精神""传统情境"作为"中国传统家具"概念的内涵。

除以上从要素角度反映"中国传统家具"概念的内涵外，还有从系统角度表达"中国传统家具"概念的内涵，如"中国传统家具区别于欧洲家具系统，是具有完全不同的艺术风貌与功能组合的另一种系统"是从系统角度来表达"中国传统家具"概念的内涵，即"艺术风貌与功能组合的家具系统"；"中国传统家具作为古代中国人生活样式中使用的主要器具，具有自己的文化取向和价值判断，有独特的制造工艺和审美表现而形成体系"是从体系角度来表达"中国传统家具"概念的内涵，即"具有独特的文化取向和价值判断，制造工艺和审美表现的家具体系"；"将具有中华民族传统造型审美意识、装饰形式和用材特点的家具称为中国传统家具，并不限于古代中国的家具，还包括具有中国传统家具风格的家具"则是从风格角度来表达"中国传统家具"概念的内涵，即"具有中华民族传统造型审美意识、装饰形式和用材特点的家具风格"。

纵观以上对"中国传统家具"共同特征的梳理，以及对"中国传统家具"概念内涵的揭示，不管是传统造型、传统工艺、传统文化元素、传统结构、传统精神、传统情境等的内涵要素，还是"系统说""体系说""风格说"的内涵表达，彼此之间都存在较大差异，但都未脱离对中国传统家具实践性的分析，即上述不同的"中国传统家具"定义，要么从造型、工艺、文化元素、结构、精神、情境等某些或某一特定的家具造物实践构成要素来认识中国传统家具的实践性，要么使用系统、体系、风格等人们较为熟悉的"代理概念"来表征中国传统家具的实践性，并据此来指认"中国传统家具"概念所指称对象之间的共性以及与非"中国传统家具"的区别。换言之，这些不同的定义都自觉或不自觉地把的"实践性"视为中国传统家具的本质属性，只是在对中国传统家具实践性的认知上有所区别。因而问题的关键就在于如何科学理解中国传统家具的实践性这个本质属性，以准确把握"中国传统家具"的内涵。

一般而言，对客观事物或对象本质属性的理解主要存在抽象过限或抽象不足的陷阱。抽象过限即对客观事物或对象的抽象层次过高，往往导致其内涵过少，外延过于宽泛。如对中国传统家具本质属性的传统造型和做法理解就带有抽象过限的意味，也就是把传统造型和做法视为中国传统家具的内涵过于单薄，保留100%的传统造型和做法与保留10%的传统造型和做法并没有本质上的区别，自然而然地将"继承传统造型和做法的家具"都纳入中国传统家具的范畴，极大地扩展了其外延；而抽象不足即对客观事物的抽象层次过低，往往导致其内涵过杂，外延过于模糊，如对中国传统家具本质属性的"艺术风貌与功能组合的家具系统"理解就有此之嫌，并未真正地直面并挖掘其本质属性，而是一种规避理论困难的高明手段。也许正是因为以往对中国传统家具造物实践的抽象过限或抽象不足，遮蔽了中国传统家具实践性的本质属性，使得关于"中国传统家具"的概念莫衷一是。

为重新理解中国传统家具实践性的本质属性，避免潜入抽象过限或抽象不足的陷阱，我们坚持以实践观为指引，认为把握中国传统家具造物实践必须具备两个关键环节：第一个环节即中国传统家具造物实践所需要的各种既定的条件，既包括自然、经济、技术等物质条件，也包括作为实践主体的历史存在的人的自身条件及其相关的政治、风俗、伦理等社会条件；第二个环节即中国传统家具造物实践所追求的目的，虽然就一个个实践活动的目的性而言，往往复杂且具有不可预知后果的可能性，但必须通过家具造物这种实践活动来承载整个中华民族为改变传统社会现实生活状态而实现更加理想的生活状态的客观要求，这也集中反映出中华民族稳定的民族心理特性。

根据中国当代著名哲学家汤一介先生所提出的"人们的理想所表现的形式和内容虽然千差万别，但总应有一种理想，追求高尚的精神境界""达到了'天人合一''知行合一''情景合一'的真、善、美的理想境界的人就是所谓的'圣人'"" '知行合一''情景合一'是从'天人合一'派生出来的"等观点，[16]最根本的在于追求"天人合一"的理想境界。据此我们不妨再回头去看前文对"中国传统家具"外延的各种认识以及我们对其的重新定位，也可以发现，虽然"中国传统家具"外延一直在扩大，也对所涉范围内的家具进行不同朝代的家具、不同工艺的家具、不同功能的家具等的划分，但这些都是中国传统家具具体实践的产物，特别在涉及"至今保持着我国的传统做法和样式，继承这些做法和式样的家具是否属于中国传统家具"的外延边界争议时，中国传统家具实践活动展开的两个关键环节的具体阐释也给出了相同答案的回应。由此可见，并不存在超脱理论系统依赖的、抽象的"中国传统家具"，而具体指的是鸦片战争以前人们为持续追求"天人合一"生活状态而在既定物质与社会条件下的家具造物实践产物。这也是我们在挖掘中国传统家具实践性这个本质属性的基础上，对其概念内涵的重新定义。

三、"中国传统家具"相关概念辨析

为进一步深化对"中国传统家具"概念的理解，除了基于马克思主义实践观重新阐发其外延与内涵外，还需要将其与"中国古代家具""中国古典家具""中国红木家具""明清家具""中式仿古家具"等常见的混用或替用概念放在一起进行辨析。当然在这里并非是要对"中国传统家具"的相关概念之间联系与差异进行全面详尽的解释，而是通过明确概念之间的主要区别，更加审慎地使用相关概念。

重塑的"中国传统家具"概念与"中国古代家具""中国古典家具""明清家具""中国红木家具""中式仿古家具"等概念主要有以下三方面的区别：

其一表现在概念定义基本依据的维度不同。"中国传统家具"是从实践观的思想理论与中国传统家具具体实践实际相结合的维度；"中国古代家具"是从历史时间纵向比较的维度，即中国古代的家具而非中国今日之家具；"中国古典家具"是从历史时间及评判标准的维度，即中国古代家具中那些典型的、代表性的家具；"明清家具"是从历史时间及具体朝代的维度，即中国古代明朝、清朝时期的家具；"中国红木家具"是从家具材料的维度,即以红木(按照现行国家标准GB/T 18107–2017《红木》规定为5属8类29种)为主材制作的家具;"中式仿古家具"是从家具仿制的维度,即模仿、复刻中国古代家具而成的家具。

其二表现在概念结果指称对象的范围不同。"中国传统家具""中国古代家具""中国古典家具"三个概念虽然具有相同的历史时间意义,但在具体对象指涉范围上存在属种关系,即"中国古代家具"指涉所有的家具,"中国传统家具"指涉中国古代家具中那些承载整个民族"天人合一"的追求而形成传承谱系的家具,"中国古典家具"指涉中国传统家具中那些在功能性、科学性、艺术性等方面都达到历史阶段最高标准或水平的典型性、代表性的家具。"中国传统家具"与"明清家具"在具体对象指涉范围上存在着交叉,即中国传统家具中有明清时期的家具,也有非明清时期的家具;"中国传统家具"与"中国红木家具"在具体对象指涉范围上也存在相互交叉,即中国传统家具中既有使用红木制作的家具,也有非红木制作的家具;"中国传统家具"与"中式仿古家具"在具体对象的指涉范围上不交叉、不包含,但中国传统家具往往作为中式仿古家具的原型,其实质是"传统"与"传统式或传统化"的区别。

其三表现在概念实践应用效果的导向不同。因重塑的"中国传统家具"与"中国古代家具""中国古典家具""明清家具""中国红木家具""中式仿古家具"于概念定义的基本依据维度、概念结果的指称对象范围不同,在应用过程中往往又以不同的研究价值理念、研究切入视角等介入中国传统家具及其现代化研究实践,而引导不同研究范式的形成。"中国古代家具""明清家具"视历史上既有的家具存在物为历史遗产,并分别以古代家具的整体性、明清家具的特殊性为切入视角,忠实于与家具有关的各类历史材料的搜集、考证、描述、解读,关注其原貌性与完整度,导向一种史学研究范式;"中国红木家具""中式仿古家具"则侧重于这一历史遗产的现代传承形态,并分别以利用红木加工制作家具、仿制古代家具作为切入视角,重在对先人们高超家具制作技艺的研究与实践,关注其传承性和传承度,导向一种工艺美术研究范式;而重新定义的"中国传统家具",聚焦于从社会历史实践活动理解这一历史遗产,以马克思主义实践观的思想理论与中国传统家具具体实践的实际相结合为切入视角,重在"造物"与"谋事"的统一研究,并关注不同家具实践结果对解决社会历史问题的内在关联性,因而既非过度强调其原貌性与完整度,又非过度强调其传承性和传承度,导向一种交叉融合研究范式,有利于统筹把握中国传统家具的保护、传承与发展问题。另外,需要注意的是"中国古典家具"虽然并不导向一种特定的研究范式,但因标准选择的共通性,其所指涉的典型性、代表性的家具,常常作为应用"中国古代家具""明清家具""中国红木家具""中式仿古家具""中国传统家具"开展研究实践时的具体研究对象。

第二章
中国传统家具现代化研究进展

基于"中西之辩"而来的是"古今两立",从原始社会结束到鸦片战争前夕长达四千余年的历史被归为"中国古代史"范畴,在这期间生产的一切文化成果则被理解为"传统文化"。[17]中国传统家具是中国传统生活方式的智慧结晶,承载着丰富的民族传统文化内涵,是中华传统文化的重要组成部分。于是,在推进深植于中华优秀传统文化的中国式现代化的新征程上,实现中国传统家具的现代化成为了中国式现代化的应有之义。

目前,学界围绕中国传统家具现代化已取得了丰富的研究成果,但从整体上看,系统梳理既有研究成果的文献鲜见。因此,归纳总结中国传统家具现代化当下研究的整体状况十分必要,这既有助于呈现中国传统家具现代化的基本面向,还有助于在中国式现代化的语境下对中国传统家具现代化未来研究的修正、补充、拓展与完善,为系统建构中国传统家具现代化的研究体系提供依据,也有助于突破中国传统家具现代化的"一元"或"绝对"思想禁锢,指引中国传统家具现代化的正确、科学、有效实践,高质量传承发展中国传统家具文化,不断满足人民对美好生活的向往。

一、中国传统家具现代化的研究范畴

研究范畴处于"中国传统家具现代化"这个研究主题的核心地位,是在回答中国传统家具现代化"是什么"的问题。当前,中国传统家具现代化的研究范畴主要集中在现代化保护、传承、利用、经营四个方面。

（一）现代化保护

中国传统家具承载着中华民族的历史发展脉络，彰显着中华文明的伟大魅力，作为一项历史文化遗产，兼具物质遗产和非物质遗产的双重属性，已成基本共识。中国传统家具的物质文化遗产属性，具有不可再生、不可替代的宝贵价值，为确保其在中国式现代化的探索进程中永久持存，进行保护始终是第一位的。因此，学界将中国传统家具的现代化保护作为中国传统家具现代化研究的核心问题域之一，并主要从修复还原保护、信息立档保护、特定类型保护三个维度对其进行探究。

修复还原保护着眼于中国传统家具的本体保护，学者们主要关注的是传统家具修复还原保护的科学性、有效性与职业性，如吕九芳等在我国文物保护法规定的"不改变文物原状"的原则前提下，探讨了中国古典家具保护和修复的指导原则，并明确了古典文物家具保护师和修复师的职能范围；[18][19]杨丹丹等人探究了3D虚拟技术应用于破损传统家具修补的可行性分析，仿真结果表明基于3D虚拟的破损传统家具修补方法稳定性强，修复效果显著。[20]

信息立档保护着眼于中国传统家具的信息保护，学者们着重从真实性、完整性、永久性与实用性等方面展开研究。在信息真实性方面，张荣强等从三维测量、表面数据处理、曲面重构和CAD建模等方面解析了中国古典家具逆向工程建模方法，为长期保存古典家具提供数据模型；[21]在信息完整性方面，杨慧全等人从明式家具的背景信息、材料、结构、装饰、名称等内容着手，对明式家具数据库构建进行了探索；[22]在信息永久性方面，许姗姗在分析明式家具工艺、材料、工具等构法基因的基础上，对明式家具构法与数字化保护相结合进行了探索；[23]在信息实用性方面，张蕾对明式家具信息管理系统的设计思想、系统组成、功能模块及系统实现进行了探究。[24]实现集真实性、完整性、永久性与实用性于一体的中国传统家具现代化信息立档保护一直是学者们研究所追求的，如顾珈静等从明清家具分层管理体系构建、高效率数据采集与精细化三维重建、高精度三维数字文化档案建设三个方面构建了基于数字近景摄影测量技术的明清古家具三维数字文化档案，以满足古家具的保护需求。[25]

特定类型保护主要根据中国传统家具在现代化进程的实际存在状况实施个性化保护，学者们重点关注其特殊性与针对性。如张艳君以广东省东莞可园博物馆馆藏清代家具为研究对象，对传统家具损坏的具体因素、保存、养护及修复进行了探讨；[26]高峰等人则分析了蒙古族传统家具的价值与现状，提出了具体的抢救、保护措施。[27]

（二）现代化传承

中国传统家具因其非物质文化遗产属性而具有活态性，这与因其物质文化遗产属性而具有不可再生、不可替代的价值相区别，而且以中国传统家具物质本身的永久持存为目的的固态保护，往往消解了其活态性的特质，忽视了掌握中国传统家具文化知识与实践技艺人群的文化传承主体作用，因而具有文化自觉意义的、以延续与增强中国传统家具在当代生活中生命力为目的的活态性传承越来越得到重视，学界同样将中国传统家具的现代化传承作为中国传统家具现代化研究的核心问题域之一，并集中在传承人培育与文化传播普及两个层面的探索。

在传承人培育层面，随着掌握中国传统家具文化知识与实践技艺人群的文化传承核心地位得到普遍认同，传承人培育成为中国传统家具现代化传承的主要抓手。为提升传承群体规模质量而构建相应传承机制是学者们的关注重点，代表性的研究有：一是基于文化生态的整体性传承机制构建，如张雅笛着眼于明式家具传统手工制作技艺的文化空间面临前所未有的变革与挑战，提出了以"生态创意产业"保护明式家具制作技艺文化空间的设想和建议；[28]二是基于专业人才培养的院校传承机制构建，如吴海波等以广西机电职业技术学院民族工艺（桂作家具）传承创新职业教育基地项目建设实践为依据，探讨了广西民族区域家具艺术设计专业人才培养模式的具体思路和做法；[29]三是基于兴趣培养的青少年传承机制构建，如马婷婷等针对蒙古族传统家具制作技艺传承，从舆论导向与树立榜样、互动交流与开拓视野、实践成果与学历教育、技能分层的社会培训等四个方面探讨了青少年兴趣培养方式。[30]

在文化传播普及层面，推进中国传统家具文化在现代社会的传播普及，有利于扩大中国传统家具文化的社会影响范围，增强人们对中国传统家具文化的认同与自信，从而为传承人群的现代化传承营造良好的外部环境与氛围。为此，学者们主要关注的是结合现代科技以不断提高中国传统家具文化传播普及的交互性、体验性、便携性。如王晓煜从文化遗产数字娱乐化角度切入，通过开辟故事角色与明式家具用途分类、结构特征、装饰种类、制作工艺等结合，探索了"轻游戏"型明式家具展示系统；[31]陈枫则从感官体验、交互体验、情感体验三个维度分析了提升明式家具展示APP用户体验的设计原则及要素。[32]

（三）现代化利用

现代化保护与传承着眼于中国传统家具在中国式现代化的探索进程中摆脱濒临灭绝的危险而得以存续下去，旨在挖掘中国传统家具的现代化价值或功能并着眼于未来文化发展而进行利用实践，以服务现代社会经济发展和人们高品质生活的需要。学界也将中国传统家具的现代化利用作为中国传统家具现代化研究的核心问题域之一，并主要从仿制利用、改良利用、转化利用、跨界利用等四个向度对其展开研究。

仿制利用，指的是严格按照形制与规范仿制再造中国传统家具经典作品并直接应用于现代生活。作为中国传统家具现代化利用的核心内涵之一，学者们着重从两个方面探索了中国传统家具何以直接应用于现代生活空间。首先，在直接应用的原因剖析方面，张欣认为明式家具与现代家具能够在现代家居生活中共存与他们具有相似的特点以及能够满足现代人的相同需求分不开；[33]而姚令华则认为明式家具和茶馆在文化内涵上高度重叠，将明式家具应用于现代茶馆中，可以提高现代茶馆的环境品味和文化内涵。[34]其次，在直接应用的方式探究方面，周橙旻等人在对中国传统家具的特性、室内陈设布局梳理的基础上，阐述了传统家具在现代家居环境中的定位、使用与布局方式；[35]李亚等人则认为红木家具在现代生活空间中应用的协调性需要重点考虑，并阐述了红木家具在不同现代生活空间的应用及其原则和方式。[36]

改良利用，指的是以历史上既有的中国传统家具作品为对象，对其在适应现代化生活方式与生产条件上的缺点或不足优化改良后再利用。作为中国传统家具现代化利用的核心内涵之一，如何进行优化改良是学者们关注的重点，主要包括：一是一般性优化改良原则的研究，周雪冰探讨了传统家具榫卯结构的优化设计原则，即结构上的安全性原则、形式上的传统性原则、加工过程的机械化或自动化原则、组装过程的局部拆装化原则；[37]二是具体优化改良方案的研究，陈新义等以芯板结构及芯板与框架结合形式为研究对象，对传统柜类家具柜门结构进行优化设计，得出了具有良好稳定性的整体柜门结构形式。[38]

转化利用，指的是对现代社会生活仍具有借鉴价值的中国传统家具文化内涵与表现形式等进行改造，以重新激发其生命力而实现转化利用。作为中国传统家具现代化利用的核心内涵之一，学者们主要从不同层面对中国传统家具的转化利用进行了诠释。首先，在理念层面上，刘燕妮从"以人为本""天人合一"的设计理念着手对明式家具与现代家具设计的契合点进行了探讨[39]。其次，在内容层面上，梁梦娇等人则从榫卯结构功能化、榫卯结构可视化、榫卯结构模块化三个方向探究了传统榫卯结构在现代家具中的创新应用。[40]再次,在表达层面上,王文瑜归纳了明式家具"适"的设计特点,并对其应用于现代家具设计创新中进行了探讨。[41]在形式层面上,王栋等从材质、形式、色彩和肌理等方面挖掘了传统竹家具审美中的意象要素并将其转译为现代设计语言,以实现设计创新,增强文化记忆。[42]最后,在综合层面上,俞凯从式样造型与功能、结构与使用方式、材料与工艺、色彩与应用场景、装饰图案与审美、哲学思想与设计理念等多维度探索了传统明式家具现代转译的创新设计路径。[43]

跨界利用,指的是充分发挥中国传统家具文化的优势与特色,突破其原本的家具领域而向现代社会的其他领域进行跨界利用。作为中国传统家具现代化利用的拓展外延,引起了学者们的兴趣,如陈一磊等在提炼明式家具设计理念的基础上,探索了明式家具设计思想与现代展示设计的融合点,为现代展示设计的人性化与艺术化提供思路;[44]徐皓则以中国传统家具为题材,阐述了其作为一种传统文化元素在当代中国油画中的独特表现力。[45]

(四)现代化经营

现代化保护、传承、利用使得中国传统家具在中国式现代化的探索进程中摆脱濒临灭绝的危险,并使服务于现代社会经济发展和人们高品质生活成为可能。然而现代化只能在既定的历史条件下前行,如何在有限人力、财力、物力条件下按照中国式现代化的要求实现中国传统家具现代化保护、传承、利用的效益最大化是必须面对的课题。因此,中国传统家具现代化经营也成为了学界开展中国传统家具现代化研究的核心问题域之一,而既有研究主要集中在生产制作、销售储运、品牌建设、质量管理等环节的探讨。

工业化生产是社会现代化发展的重要标志之一,并以降低成本、提高效率为基本诉求。学者们对中国传统家具现代化经营的生产制作环节的探讨,重在解决中国传统家具的现代化保护、传承、利用如何适应工业化生产的要求,并主要从四个方面进行了研究:一是家具原料适应性研究,如黎敏从用材的可雕刻性、变形性、表现力、手感等方面探讨了工业化形势下古典家具用材的选择策略;[46]二是家具构件适应性研究,如李爽等人通过对燕尾榫的改进设计,探讨了传统家具榫卯结构如何利用现代机械生产和先进科技进行再创新的途径;[47]三是家具工艺适应性研究,如王洁等人以圈椅中曲线形构件的现代生产加工工艺过程为基础，结合木家具生产制作工艺理论，对红木家具企业加工曲线形构件的现代生产工艺技术进行了探究；[48]四是新型工业化生产技术应用与发展研究，如陈年在介绍家具行业常见工业机器人的基础上，通过与传统家具制作比较分析出工业机器人制作优势和劣势，并提出了家具工业机器人的发展方向。[49]

销售储运是中国传统家具现代化保护、传承、利用从生产端到达消费端的中间环节，实现销售储运的科学化、高效化运转是学者们研究的重点。首先，在销售方面，单勤琴从品质、服务、传播等角度分析了红木家具销售策略。[50]其次，在仓储方面，张燕燕以个案分析了红木家具企业在库存管理上存在需求预测不准确、库存资金占用高、交货延迟现象等问题，并提出了基于时间序列分解法的需求预测、选择适合的客户服务水平、缩短成品供货提前期的改善策略。[51]最后，在物流方面，张佳琦等人在分析红木家具企业物流管理现状和弊端的基础上，提出了从系统构建、人员管理、信息技术引进、物流服务增值和物流成本控制等方面进行调整和升级，并形成企业"物流中心"体系的建议。[52]

在现代化的市场经济条件下，虽然可供消费的物品丰富，但人们对于涌现物品的消费选择同样必须面对效能、效率、成本等问题，而通过品牌的认可与信任往往有助于以上问题的解决。因而，品牌建设作为中国传统家具现代化经营的主要环节之一，需要重视。如在品牌形象方面，孙宏萍从品牌标志视角探讨了苏作家具品牌标志设计对苏作家具品牌认知度、美誉度、忠诚度和市场度的提升作用；[53]在品牌策略方面，黄兰等从强化品牌创建意识、组建品牌设计队伍、提高品牌附加价值、推进家具品牌延伸、全面联动展开品牌宣传推广五个方面提出了红木家具企业品牌建设策略；[54]在品牌战略方面，李兴畅等从品牌战略目标统帅营销传播活动、规划品牌化战略及品牌架构、为品牌注入文化提升内涵、积累各项品牌资产等方面探究了红木家具企业实施品牌战略管理的途径。[55]

质量是中国传统家具更好地服务于现代社会经济发展和人们高品质生活需要的基石，因而对于质量的管理是现代化经营的题中应有之意，学者们主要从以下三个层面对质量管理进行了探讨：一是宏观质量体系层面，李敏芝等人根据家具产品的质量要求对红木家具产品质量控制体系进行了分析，并从设计开发阶段、物料采购供应阶段、生产制造阶段和销售服务阶段构建了红木家具质量控制体系；[56]二是中观质量标准层面，任志伟等人对苏作红木家具团体标准在生产技术、结构工艺、质量和检验等方面的主要技术内容进行梳理解读,为规范、指导、测评苏作红木家具提供依据;[57]三是微观质量技术指标层面,游丽君采用微波消解-原子吸收法对红木家具表面漆蜡中的铅含量进行测定,并对其进行不确定度评定。[58]

二、中国传统家具现代化的研究视角

中国传统家具现代化问题带有高度的复杂性,需要从不同的视角去研究才能更加全面、深入和系统地理解中国传统家具现代化并推动中国传统家具现代化实践行稳至远。目前,学界主要从技术视角、设计视角、产业视角、人才视角等四个视角对中国传统家具现代化进行了解析。

(一)技术视角

鉴于现代化技术在促进中国传统家具现代化发展中的重要作用,学界将技术视角作为研究中国传统家具现代化的一个重要方面,并着重探讨应用各种现代化技术去处理中国传统家具现代化保护、传承、利用、经营实践中的具体问题,推动形成中国传统家具现代化的专门技术。代表性研究如下:一是在现代化保护技术方面,汪洋等探究了建筑信息模型(BIM)技术应用于传统木作家具的数字化保护流程;二是在现代化传承技术方面,杨道陵等在广式古家具三维扫描数据与修复的Alias参数化模型建构基础上,对其进行了CNC加工验证与VR虚拟现实应用,为广式古家具的数字化传承技术作出有益的探索;[59]三是在现代化利用技术方面,朱家仪对利用3D打印技术改良明式家具榫卯结构并应用于现代家具设计体系进行了探讨;[60]四是在现代化经营技术方面,闫文玮等将基于图像的3D展示技术和近红外光谱(NIRS)引入到红木家具行业的产品销售模式中,设计出了基于3D展示技术和NIRS的红木家具展销系统。[61]

(二)设计视角

中国传统家具现代化的最终目的是满足人们日益增长的美好生活需要,而设计是激发人们创新创造活力,找到中国传统家具与现代生活连接点,实现中国传统家具现代化利用的重要途径。因此,设计视角也成为研究中国传统家具现代化的一个重要方面,当前学界主要从设计理念、设计理论、设计策略、设计方法、设计评价等维度对设计研究视角进行展开。第一，在设计理念维度上，研究主要侧重于采用人性化设计理念、可持续设计理论等现代性设计理念挖掘中国传统家具的当代价值。[62][63] 第二，在设计理论维度上，研究主要集中在应用人体工程学理论、情感化设计理论等当代设计理论剖析中国传统家具并指导其创新实践。[64][65] 第三，在设计策略维度上，学者们主要探索了以家具本身为中心[66]、以特定群体为中心[67]、以应用场景为中心[68]等设计策略。第四，在设计方法维度上，学者们重在对以参数化设计[69]、逆向设计[70]、多功能设计[71]、个性化定制[72]等为主导的设计方法的探索。第五，在设计评价维度上，学者们主要关注的是对设计方案与实践的评价方法研究，如景楠针对传统家具现代化设计评价体系系统性不足的问题，以"天人合一"的传统哲学思想为基础，探讨了"人-物-环境"的共生评价体系。[73]

（三）产业视角

中国传统家具现代化要更好地服务经济社会发展和人们高品质生活需要，离不开产业化的支撑，而且如今的家具产业作为支撑我国国民经济的重要民生产业之一，如何发挥其关键性作用，发展成具有国际竞争力的民族特色家具产业，助推中国式现代化家具产业腾飞需要从产业视角进行广泛而深入的探索。当前，学界已经从产业道路、产业集群、产业链环节三个层面进行了重点研究：一是在产业道路层面，主要从宏观上研判行业发展趋势，把握产业发展方向，如胡景初指出红木家具产业需要走转型升级之路才能保持持续发展，并提出了开展定制服务向服务型生产企业转型、强化产品创新向创意型产业转型、由资源型向生态型企业转型、弘扬红木家具文化迈向文化产业、红木家具"触电"涉足电子商务的转型升级路径；[74] 而屠祺等认为绿色发展道路是支撑红木家具产业前进的稳固基石，艺术文化道路是激发红木家具产业发展的动力源泉，民族品牌道路是拓展红木家具产业的先进方向。[75] 二是在产业集群层面上，重在分析江苏、广东、福建、浙江、广西等中国传统家具相关主产区产业集群发展存在的问题并探寻相应对策。如周丽华等通过分析苏作红木的中心产区江苏省的红木产业的现状，指出优势所在和存在问题，提出唯有创新产业布局，探索新的发展模式，创新产品设计，创新生产和管理模式，才是苏作红木家具产业未来发展的方向。[76] 三是产业链环节层面，主要集中于材料、设备、工艺、配套设施等产业链环节的现代化研究，由于这些环节又与中国传统家具现代化经营紧密相连，相关研究前文已提及，这里不再赘述。

（四）人才视角

人才是先进生产力和先进文化的主要创造者和传播者，因而中国传统家具现代化保护、传承、利用、经营必须依靠人才来推进。学界将人才视角作为中国传统家具现代化研究的一个重要方面，且集中于如何培养中国传统家具现代化所需人才的问题探索上，既有的研究主要从培养模式探索、教学资源建设、课程教学改革三方面进行了讨论。首先，在培养模式探索方面，衡小东分析了苏作家具数控人才培养的要点和方法，并探索建立了人才培养方案与专业课程体系。[77]其次，在教学资源建设方面，刘宗明等将数字化教学展示平台引入到传统家具文化的传承，构建了中国传统家具文化数字化模块及教育展示平台。[78]最后，在课程教学改革方面，刘铁军等人对清华大学研究生课程中国传统家具研究进行了"学研产"一体化的教学改革探索，力求通过对课程的优化和再设计，在中国家具文化传承与创新研究中找到更加适合学生高效学习的实践教学路径与方法。[79]

三、中国传统家具现代化的研究范式

中国传统家具现代化保护、传承、利用、经营四个研究范畴虽然都有其核心科学问题与研究侧重点，但它们之间并非孤立无关，而是相互联系，并主要表现为依存、制约、补充、促进等内在逻辑关系。正是因为学者们对中国传统家具现代化主要研究范畴之间的逻辑关系存在认识上的差异与研究上的偏好，在中国传统家具现代化研究的实际推进过程中，以其自觉的问题意识，确定并维护着相对清晰的研究"问题域"，且注重与中国传统家具现代化实践的互动，主要形成了材美工巧范式、新技术范式、文化语境范式、地域资源范式四大研究范式。

（一）材美工巧范式

"材美工巧"出自先秦儒家典籍《周礼·冬官·考工记》："天有时，地有气，材有美，工有巧。合此四者，然后可以为良。"经过历史考验筛选而流传至今的中国传统家具经典之作无一不是"材美工巧"的整体表达。因此，材美工巧研究范式的确立，强调的是在中国传统家具现代化的探索中，通过传承经典之作来赓续中国传统家具文化根脉。在这种研究范式下，学者们注重中国传统家具现代化的传承、利用范畴,并且在传承范畴与利用范畴的内在逻辑关系中以把握其制约关系为主导,具体表现特征为:一是模仿学习中国传统家具经典之作的形制与规范,以复刻中国传统家具经典之作为基本目标;二是仍然应用珍稀名贵木材,重在掌握中国传统家具核心制作技艺,适当使用现代科技手段,以在恪守经典形制与规范的基础上改进传统尺寸、拓展传统品类、突破传统技艺极限为长远追求。

与"材美工巧"这种研究范式形成互动的家具实践形式是红木家具,正如濮安国所强调的,"材美而坚"是红木家具不可或缺的文化载体,卓绝无比的手工技艺是红木家具的文化精华;[80]许美琪也提出红木家具应作为市场上一种极高端的家具,它的特点是应具有高度的中国传统审美价值和极为精致的中国传统手工制作工艺的技术价值。[81]而在"材美工巧"范式下进行红木家具创新实践,要在延续传统国粹的基础上,从重视舒适性、开发新功能、拓展新品类等方面进行创新。[82]由此观之,"材美工巧"这种研究范式对中国传统家具现代化实践产生的积极影响主要是传承中国传统家具经典,开发具有收藏价值的典藏型家具。

(二)新技术范式

伴随着现代化的历史进程,新技术不断涌现,给各行各业的发展带来新的可能性和机遇。与中国传统家具现代化的技术视角所强调的方法论维度有所不同,新技术研究范式是从问题域的维度来讨论中国传统家具现代化,其关注的是中国传统家具经典之作与不断涌现的新兴技术结合给中国传统家具现代化带来的所有可能性,为满足现代社会多样化的生活需求提供更多选择。也正是基于新技术范式,学者们更加注重中国传统家具现代化的传承、利用范畴,同时在传承范畴与利用范畴的内在逻辑关系中以把握其补充关系为主导,其所呈现的特点是探索新材料技术、新结构技术、新工艺技术、新装备技术与中国传统家具经典之作结合的所有可能性,用传统经典来承载现代技术文明,用现代技术文明复兴传统经典,为现代社会生活提供更多可能性。

与"新技术"这种研究范式形成互动的家具实践形式是现代中式家具。"现代中式家具"的概念内涵由深圳大学唐开军教授于2002年进行界定,即"把高新技术与设备和新材料与新风格结合起来,既能体现时代气息,又带有浓郁民族特色,还适应现代工业化生产的新式家具。"[83]这种概念内涵同样在其他学者的研究中得到呼应,如刘娜等提出在设计和制造现代家具时,应了解新结构、新工艺,尽可能采用新型的简化结构取代传统的复杂结构,从而便于机械化生产,提高效率,降低成本,促进传统古典家具的普及和发展;[84]而姜飞宇从新型材料、加工工艺、连接结构和智能技术等方面探讨了中式椅凳家具创新设计的方法和思路。[85]因此,随着新技术的不断涌现,中国传统家具经典必将不断呈现新的可能性,这是新技术范式给中国传统家具现代化实践带来的最为直接的积极影响,而且这种带有技术探索性的先锋型家具也将不断增加现代社会人们的家具使用选择。

(三)文化语境范式

习近平总书记强调,中国式现代化是人口规模巨大的现代化,是全体人民共同富裕的现代化,是物质文明和精神文明相协调的现代化,是人与自然和谐共生的现代化,是走和平道路的现代化。这也是中国传统家具在中国式现代化语境下推进现代化所追寻的基本价值与目标。因而,文化语境研究范式的确立着眼于回答与解决现实问题,建立与中国式现代化相匹配的生活方式,构建中国传统家具现代化的实践性意义。当然在这种研究范式下,学者们强调中国传统家具现代化的传承、利用范畴,并在传承范畴与利用范畴的内在逻辑关系中以把握其促进关系为主导,主要呈现特点是以中国式现代化为指引,以充分尊重中国传统家具文化为前提,在从传统生活方式向美好生活方式的变迁中不断构建中国传统家具现代化的意义,推动中国传统家具文化的守正创新。

与文化语境研究范式形成互动的家具实践形式是新中式家具。"新中式家具"的概念由刘文金教授于2003年提出并定义,即"一是中国传统家具文化意义在当前时代背景下的演绎;二是在对中国传统文化充分理解基础上对其进行当代设计。"[86]随后,有大量学者对新中式家具进行了丰富的探索,如许美琪提出新中式家具设计要以现代化为价值目标,以多元文化为设计理念,用中国的民族方式来进行具体的建构;[87]但朱云认为新中式家具在民族性和时代性方面经常失衡,并根据可持续发展的要求提出新中式家具要通过理顺人、产品、社会及自然之间的关系,推动新中式家具在各个领域的可持续发展。[88]由此可见,尽管在文化语境研究范式下,通过中国传统家具现代化而创新的新中式家具并不能涵盖新中式家具概念的全部外延,但在中国式现代化指引下,中国传统家具现代化的意义建构为新中式家具的创新设计提供了价值导向,而且这些在中国式现代化语境下创新的新中式家具应是服务于现代社会经济发展和人们高品质生活的主流类型。

（四）地域资源范式

不同地域在其特定的自然环境、历史背景与传统习俗积淀下形成各具特色的地域文化，而体现生产生活智慧结晶的家具作为该地域文化的主要载体之一，具有独特的地域特色，因而学界也广泛关注其在材美工巧范式、新技术范式、文化语境范式下的现代化发展。一些学者着力于各地域特色家具资源的挖掘开发研究并融入中国传统家具现代化的整体进程中，以助力地域经济社会发展，由此形成了地域资源研究范式。需要提及的是，在此研究范式下，学者们统筹考虑中国传统家具现代化的保护、传承、利用、经营范畴，以把握其相互依存关系为主导，主要表现为紧随中国传统家具现代化的整体进程，不断挖掘各地域特色家具资源并创新出既具有现代性特征又体现地域文化特质的特色家具，以弘扬地域特色文化，促进地域经济社会发展。

与地域资源研究范式形成互动的家具实践形式是新型地域特色家具，除大众所熟知的传统苏作、京作、广作家具的现代化实践外，还有一些代表性地区和少数民族所创造的传统特色家具资源的现代化开发。如孙立军将山西独具特色的传统晋作家具的装饰、结构、工艺、文化、意蕴等元素融入到新中式家具设计之中，探究了新晋作家具设计的途径与方法；[89]而黄圣游等从功能调整与改造、材质替换与搭配、局部直接利用、元素简化与重构等方面探讨了传统傣族家具的现代设计方法。[90]综上可知，地域资源范式进一步扩宽了中国传统家具现代化研究与实践的范围，为地域文化资源优势转化为地域经济发展优势提供了支撑，而且在地域资源范式下的新型地域特色家具也将成为满足现代社会人们多元化、个性化的消费需求的主力军。

四、中国传统家具现代化研究展望

伴随着中国式现代化的探索进程，学界对中国传统家具现代化进行了广泛而深入的研究并取得了一系列重要成果，但也存在一些不足，亟须修正、补充、拓展与完善，以构建更加全面而系统的中国传统家具现代化研究体系。

（一）取得的主要成绩

第一，厘清了中国传统家具现代化的研究范畴。学界在准确把握中国传统家具这项历史文化遗产所具有的物质与非物质双重属性基础上，提出了现代化保护、现代化传承、现代化利用、现代化经营四个研究范畴，并从不同维度、不同层面、不同向度、不同环节对各研究范畴进行了剖析与探索，从而揭示出中国传统家具现代化的核心内涵与特质，为我们回答中国传统家具现代化"是什么"的问题提供了关键支撑。

第二，提供了稳定且持续的研究视角。学界从技术、设计、产业、人才视角介入中国传统家具现代化研究，实际上为其建立了工程学、设计学、管理学、教育学的学科阐释视角，这既展现了中国传统家具现代化的不同侧面，又为我们全面、深入和系统地认识中国传统家具现代化奠定了坚实基础。

第三，确立了典型而重要的研究范式。学界在科学理解中国传统家具现代化的不同研究范畴及其内在逻辑关系基础上，深化了对中国传统家具现代化的客观规律认识，并根据现实需要与时代要求，确立了材美工巧范式、新技术范式、文化语境范式、地域特色范式四大主要的研究范式，这既有助于促进学者间的学术交流合作，增强对中国传统家具现代化研究的解释与指导，也对中国传统家具现代化实践改进具有重要作用，有利于构建中国式家具发展体系。

（二）存在的不足

第一，基本理论研究不足。其一，研究范畴有待进一步细化与扩展，以不断丰富与深化中国传统家具现代化的概念内涵；其二，缺乏系统性探讨中国传统家具现代化的意义和价值，忽视了对"为什么"问题的回答；其三，"中国传统家具"概念尚未形成权威的学术定义，并出现与"中国古代家具""中国古典家具""明清家具""中国红木家具""中式仿古家具"等术语概念混用或替用的现象，阻碍了中国传统家具现代化研究的进一步发展。

第二，研究视角相对狭隘。随着中国式现代化的不断深入推进与发展，中国传统家具现代化的复杂性越来越高，除在工程学、设计学、管理学、教育学的研究视角深度化继续努力外，有待从哲学、经济学、历史学、社会学、艺术学等学科进一步拓展研究视角。

第三，研究与实践存在脱节。当前中国传统家具现代化实践仍然存在严重的同质化现象，其市场竞争力与社会影响力尚未充分彰显出来，在塑造人们美好生活方式上也还存在一定差距，这说明不同研究范式下的研究成果尚未对具体的实践提供有效支撑与指导。

（三）未来研究空间

第一，不断完善研究体系。应继续围绕"是什么""为什么""如何做"这三个问题对中国传统家具现代化展开系统性研究，着力在核心概念内涵界定、意义、价值、多元化具体实践、与中国式现代化融通、与其他领域的融合等方面进行补充研究，不断完善中国传统家具现代化的研究体系。

第二，坚持创新话语体系。应继续坚持现实需要和时代要求，立足于中国传统家具现代化具体实践的实际情况。正确把握现代化保护、现代化传承、现代化利用、现代化经营等范畴之间的关系，并抓住关系的主要矛盾，明确并维持合适的问题域。在提炼升华材美工巧范式、新技术范式、文化语境范式、地域特色范式等既有研究范式的同时，延伸扩展新的研究范式，培育研究共同体，不断创新具有实践解释力和指导作用的话语体系，以促进不同风格流派的形成，突破中国传统家具现代化的"一元"或"绝对"思想禁锢，努力构建以典藏型红木家具、先锋型现代中式家具、大众型新中式家具、新生型地域特色家具等多元协同的中国式家具格局。

第三，拓展升华方法体系。应进一步从哲学、经济学、历史学、社会学、艺术学等学科领域剖析中国传统家具现代化，不断增强中国传统家具现代化研究的学理性支撑。同时从相对单一的学科研究视角转向融工程学、设计学、管理学、教育学等多学科为一体的综合性研究方法，坚持以具体实践问题为导向，以形成多元方法体系应对日益复杂的中国传统家具现代化问题，推进中国传统家具现代化研究的不断深化。

第三章

新职业：红木家具保养师

中国式现代化坚持以人民为中心的发展思想，实现了以人本逻辑对西方现代化的资本逻辑的超越，在红木家具产业的具体实践中，新技能与新职业的出现，恰恰展现了中国传统家具现代化对实现人的现代化的一般性内在要求。

具体而言，红木家具以深色名贵硬木为基材，融入独具中国特色的匠心技艺，承载着中华千年优秀传统木作文化积淀和工匠精神，又与现代社会消费相协调，满足日常家居生活需要，越来越受到人们的喜爱与关注。但因鉴别审美、使用维护、破损修复等专业知识、能力与经验的广泛缺乏，同时红木家具体量较大、价格又普遍高位，人们常常以生产销售方对红木家具的质量保证作为是否选购消费的关键因素，特别是希望生产销售方能够对红木家具的消费使用提供专业而稳定的全过程质量跟踪服务，以满足人们更好使用红木家具的日常需求。另一方面，毋庸讳言，红木家具已深陷同质化竞争之窘境，有识企业主张差异化发展，注重维护客户关系、提升客户黏度，致力于培养专门的红木家具保养人员，这些保养人员除响应客户特定的售后修复护理服务外，还定期联络客户担当起红木家具"私人管家"身份，同时持续收集分析红木家具使用寿命周期所涉数据反馈给企业，起到有效链接红木家具生产销售与消费使用的作用，也推动其从传统劳动型人才向现代技能型人才转变。

随着《关于实施中华优秀传统文化传承发展工程的意见》《中国传统工艺振兴计划》《关于进一步促进服务型制造发展的指导意见》《"技能中国行动"实施方案》等一系列举措的贯彻落实，特别是"十四五"规划纲要提出"增加高质量就业，注重发展技能密集型产业"，在此背景下，以红木家具保养链接供给与消费正在演变为一种定式。因此，需要从"知其然""知其所以然""知其所以必然"三个维度来把握红木家具保养技能开发，重点解析红木家具保养技能开发的内涵与特征（知其然），揭示红木家具保养技能开发的实践逻辑（知其所以然），提出红木家具保养技能开发的新职业表征：红木家具保养师（知其所以必然），以科学把握中国传统家具现代化在红木家具产业具体实践中的新技能、新职业表现，为培养支撑中国传统家具现代化的红木家具保养技能人才提供理论依据，推动红木家具产业从劳动密集型向技能密集型发展。

一、红木家具保养技能开发的内涵与特征

（一）红木家具保养技能开发的内涵

从上文可知，掌握红木家具保养的新技能人才及其职能逐渐取代传统意义上红木家具维修师傅及其职能，在红木家具售后服务劳动中具体表现为四点，1.劳动内容：与以往相比，红木家具专业保养除了从破损维修（重使用功能恢复保持）向修复护理（使用功能与外观原貌恢复保持并重）深化外，新融入了使用寿命与保养周期跟踪服务、数据收集与信息反馈、红木科普与木作文化传承传播等专业性内容；2.劳动主体：接受红木家具保养技术技能培养培训的技能人才逐渐取代传统师徒口传相授式的经验型家具维修师傅；3.劳动时限：从传统客户需求–响应式的间歇性灵活处置逐渐向企业输入–反馈式的全过程跟踪服务转变；4.链接功能：传统家具维修仅单向满足客户要求，对企业来说越简单、越少越好，而红木家具保养是为企业、客户提供双向服务，在服务过程中，不仅能帮助客户更好地使用红木家具，还能促使企业不断改进技术，生产更好的红木家具，建构生产销售与消费使用之间良性互促关系，同时能够发挥文化传承与科普教化作用，推动产业升级，扩大消费。

概而言之，红木家具保养技能开发的实质内涵主要包括四个方面：一是专门的主体，即培育系统掌握红木家具材料与结构、红木家具设计与制造、红木家具护理与修复、红木家具文化与鉴赏等专业技能人才；二是专业的内容，即集破损修复、定期护理、使用寿命跟踪服务、数据收集与信息反馈、科学普及与文化传承传播等于一体的专业工作内容；三是精益的过程，即面向红木家具消费使用周期，结合客户消费使用的实际情况，提供具有针对性的、稳定的无间断使用跟踪服务；四是特定的目的，即发挥专业保养服务优势，有效链接供给与消费，建构生产者–消费者

共生共赢关系，帮助人们实现美好家居生活的同时，传承弘扬优秀传统与创新木作文化，助力"文化强国"建设。

（二）红木家具保养技能开发的特征

需要强调的是，红木家具保养技能并非单纯指"红木家具保养原来是一般性的（或非专业性的），现在普遍变成专业性的"，而且形成一定就业规模，更重要的是"传统劳动型的红木家具维修转型升级为技能型的红木家具保养"，因而红木家具保养从本质上来说是红木家具售后服务劳动的一种全新发展方式。当然，从其所体现的基本特征上，我们能够更加直观地把握红木家具保养作为红木家具售后服务一种全新的发展方式在字面意思与实质内涵上的一致性，这也正是我们把红木家具保养一以贯之，既区别于传统的"红木家具维修"，又没有使用"红木家具护理""红木家具维护"等名称的原因。

红木家具保养技能开发是一种升级的售后服务或技能劳动的发展，传统的红木家具维修注重服务于"物"，在消费者使用的过程中，往往因红木家具的破损妨碍使用而发生，因红木家具的修理恢复使用而结束。然而，拥有专业技能的红木家具保养注重服务于"人"，从消费者选购消费红木家具开始，就为消费者提供的是使用寿命周期的全过程跟踪服务，使红木家具能够长期、更好地服务于消费者的高品质生活。

红木家具保养技能开发是一种积极主动的售后服务劳动发展，传统的红木家具维修一般是消费者使用过程中提出维修需求，企业根据消费者的需求被动响应。新阶段的红木家具保养追求的是企业根据所生产销售的红木家具，主动制定全使用寿命周期的保养计划，结合消费者的实际使用情况反馈，积极为消费者提供全过程的跟踪服务。

红木家具保养技能开发是一种可持续的售后服务劳动发展，这种可持续不仅体现在以红木家具保养为桥梁，构建起红木家具生产与消费之间的良性互促关系，也就是说红木家具"保养师"通过全使用寿命周期的养护获得消费者对红木家具实际使用的真实信息，同时把信息反馈给企业，企业对红木家具持续进行再优化、再设计，以不断满足消费者对红木家具日益增长的高品质需求；还体现在红木家具"保养师"通过全使用寿命周期的保养不断向人们普及、传播与红木家具有关的科学知识与优秀传统文化，实现其自身发展的同时，也使人们在潜移默化中提升文化认同，树立文化自信，在助推红木家具转型升级和技术迭代的同时，增加人们对红木家具的喜爱，促进红木家具的生产消费。

对传统红木家具来说，在消费使用过程中发生维修，往往反映的是因质量问题或使用问题而造成生产者与消费者之间的对立，因而双方希望维修越少越好。然而，新阶段的红木家具保养是通过结合消费者实际使用情况，提供具有针对性的使用全过程跟踪服务，一方面尽可能延长红木家具使用寿命，降低红木自然资源的总消耗投入，另一方面将消费使用信息反馈给企业以生产更好的家具，不断满足消费者的生活需要，同时传承传播红木家具所蕴含的优秀文化，并在潜移默化中影响人们的价值观念与行为取向，从而助推社会文明进步。因而红木家具保养因协调着生产者与消费者之间的关系、人与自然之间的关系、人与社会的关系而发展，也可以说红木家具保养的不仅是红木家具，还有生产与消费红木家具的人，以及红木家具承载的优秀文化。

二、红木家具保养技能开发的实践逻辑

在传承中华优秀传统文化的道路上，红木家具作为富有中华民族特色又具有时代特征的造物实践而彰显价值，传承、发展好红木家具文化也成为了弘扬中国工匠精神、讲好中国故事的重要内容。红木家具保养技能开发作为链接供给与消费的新方式，是发展好红木家具不可或缺的组成部分，既符合新时代红木家具走向产业链现代化的客观规律，又切合人民追求美好生活的现实需要，实现了合规律性和合目的性的有机统一。

（一）推进红木家具向技能密集型产业发展的必然体现

红木家具是我国古代人民智慧与劳动的结晶，集中体现在"型、材、艺、韵"四个方面，由其发展而来的红木家具制造业，属于我国典型的传统劳动密集型产业，而对红木家具这种特殊的传统制造业进行改造提升的关键在于大力培养专业技能型人才。"十四五"规划纲要提出"增加高质量就业，注重发展技能密集型产业"，为红木家具传统制造由劳动密集型向技能密集型发展提供了"指明灯"与"强心剂"。红木家具保养技能开发作为红木家具售后服务劳动一种全新的发展方式，需以实现、维护、发展广大人民群众享用红木家具这种造物成果的需求为出发点，不仅表现为制定面向红木家具全使用寿命周期的服务计划以支持人民群众长期享用红木家具，

还通过定期主动联络为人民群众更好地享用红木家具提供针对性的修复与护理跟踪服务,将人民群众享用红木家具的反馈信息用于再生产更好的红木家具,满足人民群众未来更高的需要,因而需要大量具有红木家具专业技能的"保养师"从事红木家具保养这种专门的劳动,这是推进红木家具产业由劳动密集型向技能密集型发展的必然体现。

(二)解决人民美好生活需要与红木家具发展之间的具体矛盾

党的十九大报告明确指出:"中国特色社会主义进入新时代,我国社会主要矛盾已经转化为人民日益增长的美好生活需要和不平衡不充分的发展之间的矛盾。"家具作为继住房、汽车、食品之后的第四大消费品,[91]是人民美好生活必不可少的。由此,按照红木家具的全生命周期逻辑,可以将人民对红木家具的消费使用需要与红木家具不平衡不充分发展之间的矛盾细化为人民的红木家具需要与红木家具材料之间的矛盾、人民的红木家具需要与红木家具设计之间的矛盾、人民的红木家具需要与红木家具生产制造之间的矛盾、人民的红木家具需要与红木家具消费使用服务之间的矛盾四个主要方面的矛盾。

红木家具保养技能开发始终坚持以人民为中心的发展思想,通过积极主动为红木家具消费者提供长期而稳定的跟踪服务,解决人民对红木家具长期使用的需要与红木家具修复护理服务不足的矛盾,也在一定程度上解决了人民对红木家具高质量的需要与红木家具生产制造质量不足的矛盾;通过提供全过程的个性化服务,最大限度延长红木家具的使用寿命,缓解人民对红木家具充足供应的需要与红木家具材料供应不足的矛盾;另外,通过长期真实反馈消费者对红木家具的消费使用信息,用于红木家具再设计研发,满足消费者更高级的需要,在一定程度上也解决了人民对红木家具多样化使用的需要与红木家具设计水平不足的矛盾。由此可见,红木家具保养技能开发是解决人民对红木家具日益增长的消费使用需要与红木家具不平衡不充分发展之间矛盾的具体表现,符合新时代发展的客观条件与规律。

(三)传承弘扬红木家具文化的现实要求

中华优秀传统文化是中华民族的根和魂,为中华民族生生不息、发展壮大提供了丰厚滋养,激发了中华民族强大的民族生命力、凝聚力和创造力,推动中华民族不断向前发展。[92]红木家具作为中华优秀传统文化的典型载体,蕴含着天人合一的思想观念、以人为本的人文精神、崇德尚礼的道德规范等，因此，保护好、传承好、弘扬好红木家具文化责无旁贷。红木家具保养技能开发作为红木家具售后服务发展的一种全新方式，通过提供红木家具全使用寿命周期的破损修复与定期护理，尽可能延长红木家具的使用寿命，通过建构生产与消费之间良性互促关系，不断提升红木家具的设计水平与生产制造质量，使红木家具在物质层面得以保护、传承与发展；通过把科学普及和文化传承传播作为内在要求，以红木家具保养人员与消费者之间长期紧密的服务关系为契机，在红木家具保养人员作为文化传播者，消费者作为受众之间，建立起稳定的传承传播关系，使得普通群众在潜移默化中正确认识并逐渐认同红木家具所隐含的优秀传统文化，从而影响思想观念、价值取向与行为方式，即在传承传播优秀传统文化的同时，成为一种以文化人、以文育人的特殊实现方式。

（四）推进红木家具参与生态文明建设的有益探索

红木家具作为满足人们美好生活需要的重要器具，需以消耗红木自然资源为代价，如何正确协调红木家具中人与自然的关系，是全面推进生态文明建设的必然要求。红木家具保养技能开发作为红木家具售后服务发展的一种全新方式，始终坚持节约为先、保护为先的方针，在现实操作上通过全过程的破损修复与定期修复跟踪服务，最大限度地延长使用红木家具的时间，从总体上节约了红木家具的消费使用，在一定程度上降低了红木自然资源的消耗；在观念影响上通过红木保养人员对消费者进行长期而稳定的与有关红木家具科学知识与文化的普及与传播，让消费者更加珍惜爱护红木家具的使用，同时能够认识到红木家具所蕴含的天人合一思想，理解接受人与自然和谐相处的发展传统，认同并倡导节约资源和保护环境的生产生活方式。由此可见，红木家具保养技能开发是协调红木家具中人与自然关系的有益探索，也是推动形成人与自然和谐发展现代化建设新格局的应有之意。

三、红木家具保养师新职业表征

红木家具产业正处于由高速增长阶段向高质量发展阶段转型的关键期，红木家具保养技能开发作为一种全新的红木家具售后服务劳动发展方式，也正在演变为一种发展定式，其既符合中国特色社会主义新时代发展的客观规律，又切合人民追求美好生活的现实需要。现在至关重要的是在中国特色社会主义市场经济体制下，把握、利用红木家具保养技能开发定式，正确、充分、有效发挥红木家具保养技能的重要作用。正如前文所述，红木家具保养技能开发的实质是培养红木家具保养的新技能人才，由此，我们必须推进和深化对传统红木家具售后服务的改革，而关键在于开发红木家具保养师新职业。

（一）开发红木家具保养师新职业的市场需求

在中国特色社会主义新时代开发红木家具保养师新职业，首先是带动高质量就业和培养高技能人才，这也是就业领域改革发展的成果表征，使得红木家具保养技能及其工作职能得到社会的认可、支持与规范。另一方面，依托红木家具保养师新职业培养专业的红木家具保养人才，推动充分发挥其在红木家具"生产-消费"良性互促发展、红木家具科学知识普及与文化传承传播的长期重要作用，有利于促进红木家具产业、红木家具文化与社会文明进步协同发展。而且，开发红木家具保养师新职业是把握红木家具保养技能开发定式、实质与本质，推进和深化红木家具行业传统的售后服务改革以满足经济社会发展需要，有助于提升行业治理体系和治理能力现代化。

（二）红木家具保养师新职业的职业功能与工作内容

前文对红木家具保养技能开发的实质内涵与基本特征的深刻解析，为红木家具保养新职业的职业功能定位与工作内容提供了清晰而科学的依据。因此，红木家具保养师新职业的职业功能定位为：（1）通过破损修复和定期护理，延长红木家具的使用寿命；（2）主动跟踪处理消费者在红木家具消费使用中产生的疑惑；（3）长期进行红木家具消费使用数据收集与分析并处理形成信息反馈给企业；（4）承担红木家具科学知识普及与文化传承传播责任；（5）以保养技能持续有效"链接"供给与消费，助力建构生产销售与消费使用之间良性互促关系。根据红木家具保养师新职业的职业功能定位，可以明确红木家具保养师新职业主要包括破损修复、定期护理、使用寿命跟踪服务、数据收集与信息反馈、科学普及与优秀传统文化传承传播、开展专业技术培训六个方面的工作内容。

（三）制定红木家具保养师新职业国家标准的紧要性

红木家具保养技能开发是红木家具走向产业链现代化的必然要求与生动实践，

也是中国传统家具现代化在红木家具产业实践中的具体表现，因而开发红木家具保养师新职业也就成为了时代之需。要真正充分、稳定发挥红木家具保养师新职业的社会作用，唯有加快组织制定红木家具保养师的新职业标准，并根据相关程序上升为国家职业标准进行发布，发挥制度优势。另一方面，随着我国经济社会的快速发展和人民生活水平的日益提高，特别是在"文化优势转为发展优势"的热潮下，红木家具产业迅速发展，产业规模日益扩大，产业链渐趋完善，产业生态体系逐步形成，这对红木家具产业链各个环节劳动者的科学文化素质和能力水平提出新的要求。然而，我们可以发现，围绕红木家具产业链的材料、设计、生产制造、销售环节都已制定了相应的木材检验师、家具设计师、手工木工（精细木工）、营销师的国家职业标准，唯独红木家具售后服务环节没有国家职业标准。因此，我们也在此呼吁全国各有关部门与单位整合资源，进一步探索红木家具保养师的职业精神与专业能力，制定红木家具保养师国家职业标准，为培养红木家具高技能人才提供科学依据，通过试点示范和推广应用，加快家具行业由劳动密集型向技能密集型发展，为满足人们对家具高质量发展乃至美好生活家居需要，推进新消费引领新市场而作出更大贡献。

第四章

新基础：红木家具产品质量标准化

高质量发展是中国式现代化的本质要求，也是推进中国式现代化的必然选择。习近平总书记在第十四届全国人民代表大会第一次会议上也强调："在强国建设、民族复兴的新征程，我们要坚定不移推动高质量发展。"因此，在中国式现代化语境下推进中国传统家具现代化，也必须走高质量发展之路。在红木家具产业的具体实践中，近年来受《濒危野生动植物国际贸易保护公约》对红木原料供给的持续限制、大规模板式定制家居对红木家具市场的不断挤压，红木家具产业由高速增长阶段转向高质量发展阶段成为必然选择，我们抓住此良机的根本在于不断提高红木家具产品质量，而提高产品质量的关键在于发挥标准的基础性和引领性作用。

进一步地，我们从红木家具产业的东阳实践的具体境遇出发，寻找如何提高红木家具产品质量。具体而言，就是立足于东阳木雕红木家具产业高质量发展并打造千亿产业的实际，着眼于更好地融入国家标准化发展大局，紧紧抓住红木家具产品质量标准化这个"牛鼻子"，对其发展现状与存在问题进行深入剖析并提出优化路径，充分发挥红木家具产品质量标准的技术性与制度性双重正向作用，筑牢红木家具现代化根基，巩固红木家具改造提升成果，引领红木家具创新发展方向，深化东阳木雕家居行业发展型治理新模式，并为其他传统产业改造提升标准化工作提供有益借鉴。

一、红木家具产品质量标准化发展现状

东阳木雕红木家具产业从无到有，发展到现有木雕红木家具企业1300多家，从

业人员10余万人，截至2024年底全产业链总产值达887.3亿元，已在全国范围内形成先发优势，是历届市委、市政府带领全市人民始终坚持以行业规范提升为主线，不懈努力奋斗的结果。而红木家具产品质量标准化作为行业规范提升的重点工作，也已取得了重要进展和成绩。

（一）市场主导制定了多样化团体标准

在政府主导制定的《红木家具通用技术条件》国家标准（GB/T 28010-2011）、《深色名贵硬木家具》行业标准（QB/T 2385-2008）基础上，浙江东阳木雕集团有限公司于2014年牵头制定了系列化东阳市木雕·红木家具企业联盟标准：《木雕·红木家具 第1部分：产品质量要求》（Q/DHLM 1.1-2014）、《木雕·红木家具 第2部分：生产技术规范》（Q/DHLM 1.2-2014）、《木雕·红木家具 第3部分：产品保证文件要求》（Q/DHLM 1.3-2014），开启了在红木家具行业领域市场主导制定团体标准的先河。近5年来，由东阳所在地协会、企业主导，又先后制定了《红木家具》（T/ZZB 0503-2018）、《深色名贵硬木家具》（T/ZZB 0959-2019）、《紫光檀无缝家具》（T/ZZB 2299-2021）3项"品字标"浙江制造团体标准。

（二）政府着力构建了多层次标准化工作体系

首先在政策选择上，先后制定《关于进一步加快工业经济发展的若干意见》（东委发〔2017〕17号）、《东阳市人民政府关于全面推进标准化战略行动的实施意见》（东政发〔2018〕7号）、《东阳市人民政府质量奖评审管理办法》（东政发〔2021〕48号）、《东阳市实施品牌强市和标准化战略奖励办法》（东市监〔2021〕43号）、《东阳市木雕竹编红木产业专项扶持资金管理办法》（东市监〔2022〕19号）等一系列注重引导、鼓励、扶持标准化发展的政策。其次在机构设置上，成立木雕红木家居产业发展局和东阳市家具研究院、设立木雕红木家居稽查科、成功创建国家木雕及红木制品质量检验检测中心（浙江）和东阳市木雕红木家具产业质量基础设施一站式服务平台，为推进标准化建立了常态化统筹、监管、检测、研究、服务等工作机构。最后在专项行动（活动）上，通过效能评定、环保整治、安全生产、举办展会、品牌宣传、放心消费等多维度的专项行动（活动），直接或间接地带动了标准化工作的推行贯彻。

（三）行业已经形成了多元化标准实施格局

从行业现行的红木家具产品质量标准情况来看，主要有4项国家标准，即《室内装饰装修材料 木家具中有害物质限量》（GB 18584-2001）、《木家具通用技术条件》（GB/T 3324-2017）、《消费品使用说明 第6部分：家具》（GB/T 5296-2004）、《红木家具通用技术条件》（GB/T 28010-2011）、1项行业标准，即《深色名贵硬木家具》（QB/T 2385-2008）、3项企业联盟标准，即《木雕·红木家具 第1部分：产品质量要求》（Q/DHLM 1.1-2014）、《木雕·红木家具 第2部分：生产技术规范》（Q/DHLM 1.2-2014）、《木雕·红木家具 第3部分：产品保证文件要求》（Q/DHLM 1.2-2014）、3项"品字标"浙江制造团体标准，即《红木家具》（T/ZZB0503-2018）、《深色名贵硬木家具》（T/ZZB 0959-2019）、《紫光檀无缝家具》（T/ZZB 2299-2021）。

从企业生产红木家具所采用的标准来看，《红木家具通用技术条件》（GB/T 28010-2011）2017年3月由国家强制性标准转化为国家推荐性标准后，企业对标准的可选择性与灵活性大大增强，除已明确的22家企业通过"品字标"认证（采用"品字标"浙江制造团体标准）外，每一家企业可采用多个推荐性标准并可根据市场与发展需要进行适时更换。从红木家具产品质量监管所采用的标准来看，除为解决消费者与具体企业就特定红木家具产品质量产生争议纠纷问题而采用该红木家具所执行的标准进行检验外，对东阳企业生产的红木家具产品质量进行常规监督抽查所采用的检验依据标准为国家标准《室内装饰装修材料 木家具中有害物质限量》（GB 18584-2001）、《木家具通用技术条件》（GB/T 3324-2017）、《消费品使用说明 第6部分：家具》（GB/T 5296-2004），即将红木家具纳入更宽的木家具范畴，与普通实木家具、人造板家具共用的抽查检验标准。

二、红木家具产品质量标准化的现实困境

东阳红木家具产品质量标准化发展呈现出团体标准多样化、工作体系层次化、实施格局多元化的鲜明特征，这既是中国传统家具现代化发展的必然要求，又是多年来东阳木雕红木家具产业改造提升实践的创新成果，在帮助企业不断提升应对市场变化发展能力的同时，满足消费者对红木家具日趋多样化的需求提供了科学依据。

同时，为不断提升东阳红木家具的产品质量与市场竞争力，培育木雕红木家具产业特色与优势，打响"买红木到东阳"品牌、擦亮"世界木雕·东阳红木"金名片提供了有力支撑。然而，因面临标准制定质量问题、标准化工作内卷问题、标准化知识培训普及问题的三重困境，红木家具产品质量标准化的基础性、引领性作用尚未得到有效发挥，阻碍和制约了东阳木雕红木家具产业的高质量发展。

（一）团体标准的制定质量亟须提升

市场主导的团体标准作为政府标准的有益补充，应以市场需求为导向，重在发挥技术优势，填补标准空白，让产品在市场竞争中脱颖而出。然而，目前东阳在地已制定的红木家具产品质量团体标准多与国家标准、行业标准重叠交叉。而且团体标准之间的重叠交叉也比较严重，如《红木家具》（T/ZZB 0503-2018）、《深色名贵硬木家具》（T/ZZB 0959-2019）这两项浙江制造团体标准不仅与国家标准《红木家具通用技术条件》（GB/T 28010-2011）、行业标准《深色名贵硬木家具》（QB/T 2385-2008）、系列化的《东阳市木雕·红木家具企业联盟标准》（Q/DHLM 1.1-2014、Q/DHLM 1.2-2014、Q/DHLM 1.3-2014）存在实质性技术指标的重叠交叉，而且这两项团体标准之间重叠交叉的技术指标较多。特别是在推行实施效果上，虽然已有22家企业获得"品字标"认证，但从企业原来以不同类型的红木家具进行整体认证到现在以某件特定名称的红木家具进行单体认证的特点来看，已显示出企业把"品字标"认证单纯作为背书营销工具的风险倾向，而这也偏离了以实施"品字标"浙江制造团体标准引领"浙江制造"品牌建设的宗旨与目标。

因此，亟须提升红木家具产品质量团体标准的制定质量，促进高质量的红木家具供给以满足人民日益增长的美好生活需要，为东阳木雕红木家具产业已有的先发优势转化为领跑的持久优势而充分发挥基础性、引领性作用。

（二）标准化工作的内卷现象亟须破除

东阳市委、市政府历来高度重视并主导木雕红木家具产业高质量发展，也深谙以标准化推动质量变革、效率变革、动力变革之道，伴随着木雕红木家具产业高质量发展步入"深水期"，再加上行业发展整体环境的不确定性与同行业竞争的激烈性，政府部门标准化工作的难度与强度不断增加，虽然已构建多层次的工作体系，但内卷现象也越来越突出，集中表现在：

一是职能分工越来越精细化，内部机构设置数量相应增加，而机构之间的壁垒越加明显，难以有效共享信息与资源，进而难以沟通协调而导致工作效率下降，也打击了各部门争先创优、干事创业的热情。

二是资源局限下标准化工作目标与细化指标日趋混同，对促进标准化发展乏力，进而难以对木雕产业高质量发展产生实质影响。如在缺乏鲜明东阳特色的产品质量标准资源支撑下，将"东阳红木家具"集体商标的推广实施目标与"使用家数"的细化指标混同，难以向市场提供具有明确性、权威性的信号机制，也难以对企业生产红木家具的行为产生实质相关性、重复性效应，实际上也造成了该集体商标推广使用的操作性困难，即使"强推"也难以达成预想的实施目标。

因此，亟须破除标准化工作的内卷现象，持续有效地推动标准化发展，促进东阳木雕家居行业治理由"应对型治理"向"发展型治理"转变。

（三）标准化知识的培训普及亟须加强

根据东阳红木产业近8年的消费投诉统计数据，红木家具消费投诉案件数量年均超200件，而色差、白皮、开裂、变形等红木产品质量问题是消费者投诉的主要问题。另一方面，长期以来红木家具被视为家具假冒、仿冒的"重灾区"，不仅仅是由于企业对生产家具的外观造型、结构方式、技术方法等进行知识产权保护的忽视，更重要的是企业为节约成本造成产品质量问题，给消费者形成了"红木家具假货多"的惯性认识，目前正在推广使用的溯源码就是为了解决这个问题。

上述两类不良现象的重复发生，严重阻碍了木雕红木家具产业的高质量发展，从某种程度上说只要这两类现象还重复，就不能说实现了木雕红木家具产业的高质量发展。其根本原因是在行业多元化标准实施下，作为市场交易的个体（即企业、消费者）在红木家具产品质量标准上的权、益关系没有得到合理协调，而对特定红木家具所执行产品质量标准的充分准确认知恰恰是市场交易个体协调相互权、益关系的关键。如针对消费者所关心的红木家具"榫卯结构离缝"的质量问题，国家标准《红木家具通用技术条件》（GB/T 28010-2011）虽未作出明确规定，但通过"红木家具"的术语定义从源头上规避了这一问题；行业标准《深色名贵硬木家具》（T/ZZB 0959-2019）明确规定"榫卯结合应严密、牢固，最大缝隙不应大于0.2mm，不应有松动、断榫、裂缝"；而国家标准《木家具通用技术条件》（GB/T 3324-2017）虽明确规定"零部件的结合应严密、牢固"，但是仅作为一般检验项目（一般项目不合格项不超过4项，判定该产品为合格品），给"离缝"留出了更多合法空间。这要求企业根据所执行的不同标准而发挥其制度性作用进行重复性生产，消费者甚至监管方也应根据同一标准作为评判"榫卯结构离缝"有无质量问题的技术依据。随着人们对红木家具榫卯结构质量要求越来越高，新技术研发的成果可将"最大缝隙不应大于0.2mm"提升为"无缝隙"，但这种技术提升本身并不会影响红木家具交易行为，只有当其列入标准的技术指标并执行，才能发挥约束作用。

因此，亟须加强标准化知识的培训普及，只有在产业各利益方充分准确认知多样化的产品质量标准的基础上，才能不断重视并发挥红木家具产品质量标准在市场交易中的技术性与制度性作用，进而促进不同标准之间的优胜劣汰。只有基于多元化标准实施格局，才能真正不断创新不同类型的红木家具，以满足消费者日趋多样化的需求。

三、红木家具产品质量标准化的提升进路

在中国传统家具现代化的红木家具产业东阳实践中，红木家具产品质量标准化虽然已取得一系列积极进展和成绩，但仍然存在一些问题，而为解决上述东阳红木家具产品质量标准化的三个现实困境，我们可从市场、资源、组织三方面着手，进一步提升红木家具产品质量标准化水平，以充分发挥其基础性、引领性作用，推动东阳木雕红木家具产业高质量发展。

（一）以市场为引领，以项目为抓手，培育高水平团体标准矩阵

中国式现代化是物质文明和精神文明相协调的现代化，必须以物质产品和精神产品的高质量供给为基础，而只有高标准才有高质量。当前还有一种流行的说法是"一流企业做标准、二流企业做品牌、三流企业做产品"，这说明了高水平的标准对产业高质量发展与企业差异化市场竞争都具有不可取代的作用。因此，在突出政府主导制定标准，保障产业整体有序发展这个基本前提下，强化企业制定标准的主体地位，充分发挥市场引领作用，推动企业依托所在社会团体组织根据市场发展实际需求牵头制定团体标准，并突出科技创新成果转化为创新标准的技术优势，助推创新技术和产品市场化与产业化。

基于红木家具产品质量标准化的东阳具体实践，激活市场引领作用，以项目为

抓手，致力于培育高水平的团体标准矩阵。一是衔接国家、省、金华市重点研发计划，红木家具企业需要积极主动把新技术与产品研发进行项目化管理，并联合具有专业、技术、人才优势的科研院所进行协同攻关，获取具有自主知识产权的项目研发成果，并通过争取承担"重点研发计划"，着力培育行业领先的创新技术与产品，从而为转化为高水平的标准提供前期基础。二是衔接国家、省、金华市标准创新贡献奖，以设立东阳木雕红木家具产业团体标准重点培育项目为抓手，依托东阳市市场监督管理局，研究制定包含培育计划、规范机制、服务体系、支持政策等要素的项目管理办法，着重从市场需求水平、技术指标水平、推广应用水平、质量管理水平四个方面遴选高水平团体标准纳入市重点培育序列，进而争取获得"标准创新贡献奖"，以印证高水平团队标准的质量，在此基础上加快培育以产品质量团体标准为主体、以关键技术团体标准与管理作业团体标准为两翼，且具有东阳地域鲜明特色的木雕红木家具产业团体标准矩阵，并协同政府标准矩阵构建二元化新型标准体系，为东阳木雕红木家具产业已有的先发优势转化为领跑的持久优势而充分发挥基础性、引领性作用。

（二）以资源为引领，以平台为抓手，发展高效益标准化服务体系

随着木雕红木家具产业由高速增长阶段转向高质量发展阶段，标准化的工作难度和强度不断增加，在市委、市政府的坚强领导下，相关职能部门为推进红木家具发展标准化做了诸多富有成效的工作，但我们必须正视并重视做了大量标准化工作却没有给标准化带来实质性发展的内卷现象，而破除这种现象就要求充分发挥资源的引领作用，坚持创新、整合与充分有效利用资源，在对内精细化管理的基础上，向外发展高效益标准化服务体系。

为激活资源的引领作用，要以平台为抓手，致力于发展高效益的标准化服务体系。一是加快"木雕红木行业产业大脑"平台建设，进一步嵌入"标准化工作"模块，着重从标准化政策、标准数据库、标准实施与监管、标准化项目管理等方面建立标准化资源共享与协同工作机制，以打破部门壁垒，实现资源的充分有效利用；二是优化"东阳市木雕红木家具产业质量基础设施'一站式'服务"平台建设，充分整合木雕红木家具产业质量基础各方资源，以突出"最多跑一次"的服务优势，通过信息公开化、服务标准化，根据企业个性化需求提供及时、有效的专业化服务；三是加强"木材稳定性研究联合实验室"平台建设，充分发挥平台的公益性功能，

一方面积极整合人才资源，组建科研团队，针对木材稳定性的共性关键技术问题开展基础与应用研究，为红木家具企业开展新技术与产品研发并转化为标准提供理论基础与科技支撑，另一方面不断提升实验设施水平，在开放共享大型仪器设备的同时，开发公益性的技术服务项目为红木家具企业提供常态化的技术服务。

通过以上三大平台建设加快形成标准化资源创新、整合与充分有效利用的长效机制，实现精细化管理与发展高效益服务并重，以破除标准化工作的内卷现象，持续有效地推动标准化发展，不断深化东阳木雕红木家具行业发展型治理新模式，兼顾以质量效益为核心的发展特性与以秩序维持为核心的治理特性，实现木雕红木家具产业在发展中治理，在治理中发展。

（三）以组织为引领，以活动为抓手，构建高维度标准化知识传播空间

中国式现代化必须以满足人民日益增长的美好生活需要为出发点和落脚点，必然要求创造出更多样化的产品类型，而作为保障产品质量的标准也必将实现多元化。在中国传统家具现代化的红木家具产业东阳实践中，当前主要实施的产品质量标准有4项国家标准、1项行业标准、3项企业联盟标准、3项"品字标"浙江制造团体标准。在这种标准多元化实施格局下，现实已证明存在因混淆不同标准而影响甚至扰乱市场秩序的风险因素，这意味着标准化知识的培训普及是一个必须长期坚持的工程，需要充分发挥组织的引领作用，整体推进标准化知识的培训普及，构建高维度标准化知识传播空间，加快培育识标准、重标准、用标准的氛围，营造健康的产业市场环境。

基于此，为了激活组织的引领作用，要以活动为抓手，致力于构建高维度标准化知识传播空间，让应用标准成为习惯。一是强化木雕红木家具产业标准化知识培训普及日常活动管理，由政府行业管理部门东阳市木雕红木产业发展局牵头，引导行业协会、企业各自内设标准化部门或工作岗位，加快建立政、行、企标准化培训普及日常活动的组织联动体系，研究制定各级开展标准化知识培训普及日常活动的基本规范，尤其强调各红木家具企业生产销售家具产品所依据的产品质量标准面向社会公开，同时建立所生产销售家具产品与所依据的产品质量标准的投诉举报机制。另外设立木雕红木家具产业标准化知识培训普及贡献奖，对有突出贡献的组织与个人予以表彰。二是结合世界标准日，办好木雕红木家具产业标准化知识培训普及主题活动，根据标准化知识培训普及的年度进展情况，设置不同主题，深入探索政府

主导、企业主体、社会团体和公众共同参与的组织模式，打造"木雕红木家具产业标准化知识培训普及主题日"，不断强化木雕红木家具产业各利益方识标准、重标准、用标准的素养，最终成为全民习惯。只有在"有为组织"的引领作用下，常态化、动态化开展有效活动，全方位、多角度构建高维度标准化知识传播空间，才能不断发挥红木家具产品质量标准的技术性与制度性双重正向作用，持续创新多样化的、高品质的红木家具产品，以满足人民日益增长的美好生活需要。

第五章

新动能：红木家具企业科技创新

以高质量发展推进中国式现代化必须厚植于坚实的物质技术基础，这个物质技术基础主要体现为新质生产力。习近平总书记2023年9月在黑龙江调研时第一次提出"新质生产力"，强调"创新起主导作用，摆脱传统经济增长方式、生产力发展路径，具有高科技、高效能、高质量的特征"。2024年3月，国务院政府工作报告首次将"大力推进现代化产业体系建设，加快发展新质生产力"列为首项任务。因此，在中国式现代化语境下考察中国传统家具现代化，必须把科技创新作为核心驱动力量，为中国传统家具现代化注入新动能。

在中国传统家具现代化的红木家具产业实践中，红木家具企业是产业运行的第一主体，充分发挥其科技创新主体地位，对加快推动红木家具产业高质量发展至关重要，而红木家具企业的科技创新水平与能力关乎其主体地位的存亡，如何提高红木家具企业的科技创新水平与能力成为了首要解决的问题。为此，我们从红木家具产业东阳实践的具体境遇出发，寻找解决这一问题的路径。正如前章所述，东阳木雕红木家具企业本身已具备优秀的创新基因，而龙头骨干企业的科技创新发展关乎整个产业的前途命运，换句话说，只要龙头骨干企业坚持科技创新，不断提升科技创新水平与能力，形成核心竞争力，就能树立标杆，发挥引领带动作用，激活整个产业以科技创新为主导的发展动力，并有效带动整个产业的高质量发展。

进一步地，我们通过把握东阳木雕红木家具龙头骨干企业的科技创新情况，来研究东阳红木家具企业科技创新的基本现状，分析其存在的主要问题，并提出相应的应对策略，以期为提升红木家具企业科技创新水平与能力提供科学依据，为加快构建以科技创新驱动红木家具产业高质量发展，建设中国传统家具现代化产业体系提供支撑。

一、红木家具企业科技创新基本现状

2011年5月27日，东阳市人民政府办公室发布了《东阳市木雕·红木家具龙头骨干企业培育实施办法》（东政办发〔2011〕124号）。办法规定每年进行一次龙头骨干企业评定，2012-2023年期间共进行了12次评定，先后共有29家企业入选龙头骨干企业，其中连续12次入选的企业有5家，即东阳市明堂红木家俱有限公司、浙江中信红木家具有限公司、浙江卓木王红木家俱有限公司、浙江大清翰林古典艺术家具有限公司、东阳市新明红木家具有限公司。

我们以此29家龙头骨干企业为对象，按照科技创新的活动逻辑进行调研发现：一是在科技创新活动投入方面，尚无一家企业组建专业的R&D团队并设立专门的R&D经费；二是在科技创新活动开展方面，尚无一家企业按照浙江省企业技术中心的建设标准建设企业技术中心，也无一家企业承担省级以上重要科研项目研究，也没有将企业内部的技术改造、产品研发等作为重要的科研课题获得市级以上重点研发课题立项，并设计严谨科学的技术线路进行攻关来形成可转化的科技成果；三是在科技创新活动产出方面，企业产品以仿传统家具形制为主，同质化市场竞争相对激烈，从相关专利获授权情况来看，如表1所示，截至2023年底，29家企业共获授权专利1739项，其中发明专利11项，实用新型专利38项，外观设计专利1690项，而从科技成果来看，尚无一项科技成果通过认定进入浙江省科技厅科技成果库。

从连续12次入选龙头骨干企业评定企业的科技创新情况来看，总体反映出东阳红木家具企业科技创新的基本现状，即东阳红木家具企业的小型企业比例非常高，整体科技创新水平与能力较为薄弱，使得红木家具企业作为科技创新主体的地位还未真正确立，难以为推进红木家具产业高质量发展注入新动能。

表1：龙头骨干企业获授权专利情况

序号	企业名称	发明专利	实用新型专利	外观专利	合计
1	东阳市明堂红木家俱有限公司	1	6	259	266
2	浙江中信红木家具有限公司	0	0	124	124

续表

序号	企业名称	发明专利	实用新型专利	外观专利	合计
3	浙江卓木王红木家俱有限公司	1	0	251	252
4	浙江大清翰林古典艺术家具有限公司	2	0	38	40
5	东阳市新明红木家具有限公司	0	0	63	63
6	东阳市旭东工艺品有限公司	3	2	52	57
7	东阳市御乾堂宫廷红木家具有限公司	2	2	72	76
8	东阳市陆光正创作室	0	0	0	0
9	东阳市华龙工艺品有限公司	0	0	0	0
10	东阳市苏阳红红木家具有限公司	0	15	22	37
11	浙江浪人工艺品股份有限公司	0	6	63	69
12	东阳市东艺工艺品有限公司	0	2	178	180
13	东阳市明清居红木家具有限公司	0	0	0	0
14	浙江万家宜家具有限公司	1	2	12	15
15	东阳市恒达木业有限公司	0	2	284	286
16	浙江东阳木雕集团有限公司	0	1	27	28
17	东阳市双洋红木家具有限公司	0	0	44	44
18	东阳市凌云阁红木家具有限公司	0	0	1	1
19	国祥红木家具有限公司	1	0	24	25
20	浙江新东阳木雕有限公司	0	0	3	3
21	东阳市海天星实业有限公司	0	0	0	0
22	东阳市隆威工艺品有限公司	0	0	0	0
23	东阳市雅典家具有限公司	0	0	13	13
24	东阳市圣大红木家具有限公司	0	0	0	0
25	东阳古森家具有限公司	0	0	7	7
26	浙江华盈工贸有限公司	0	0	53	53
27	东阳市港龙红木家私有限公司	0	0	1	1
28	东阳市兴成红木家具有限公司	0	0	99	99
29	东阳市振宇红木家具有限公司	0	0	0	0
	总计	11	38	1690	1739

二、红木家具企业科技创新存在的问题

在中国传统家具现代化的红木家具产业东阳实践中,科技创新尚未成为红木家具产业由高速增长阶段转向高质量发展阶段的主要驱动力,集中表现是以龙头骨干企业为代表的红木家具企业科技创新水平与能力较为薄弱,也暴露出红木家具企业开展科技创新主要存在内部与外部两方面的问题。

(一)科技创新认识不足

对科技创新的认识不足,表现的是红木家具企业自身存在的发展观念问题。因而,从传承中国传统家具制作技艺而发展起来的红木家具企业对科技创新的认识不足主要在于固守红木家具企业不需要科技创新与红木家具企业不适合科技创新的思想观念。一方面,虽然2006年全国科技大会就提出自主创新、建设创新型国家战略,但就红木家具产业而言,在上游红木原料价格与进口条件相对宽松、中游传统家具制作技艺加工优势、下游消费市场持续扩张的历史条件下,以规模扩张为标志进行着外延式增长,而且东阳红木家具产业在全国具有先发优势,就惯性地认为仍然能够延续此种发展红利,于是产生了红木家具企业不需要科技创新的错觉;另一方面,当前红木家具产业以仿制、复刻中国古典家具为主业,因而更多地被认为是一种工艺美术产业、文化产业,实现发展靠的是手艺与经验,似乎与科技并不相关,于是也存在着红木家具企业不适合科技创新的误解。

然而,红木家具产业不仅是文化产业还是制造业,其发展不仅要面向现在更要面向未来,不断满足人们对美好生活的向往。在中国式现代化的语境下要做到经济可持续、社会可持续、文化可持续、生态可持续四个可持续,就必须要走科技创新的发展之路。而且,从龙头骨干企业获授权专利的情况来看,连续12次入选龙头骨干企业名单的5家企业都是获授权专利数量相对多的企业,这也进一步印证了拥有自主产权的创新与企业的长远发展紧密相连,也从另一角度说明了红木家具产业的健康可持续发展需要科技创新的支撑。另外,未来的美好生活会是什么样子?应该有什么样的家具与之相适应?红木原料无法进口、传统技艺无人愿学,家具该怎么做?在中国式现代化的新征程上,红木家具产业能不能持续发展,会不会被其他家具产业所取代?思考这些问题或许会使红木家具企业对担当科技创新的主体、对红木家具产业的科技创新驱动产生更加明确而深刻的认识。

（二）科技创新助推机制缺乏

除了红木家具企业自身对科技创新的认识不足外，外部助推机制的缺乏也不利于红木家具企业科技创新水平与能力的提升。一方面，在市政府有形之手和市场无形之手的合力作用下，东阳木雕红木家具产业已形成了"家数精简、主体提升、产业规范"的局面。"十二五"与"十三五"期间，市政府共出台了《东阳市木雕·红木家具龙头骨干企业培育实施办法》（东政办发〔2011〕124号）、《进一步发展规范提升木雕·红木家具产业的实施办法》（东政办发〔2013〕144号）、《东阳市木雕·红木家具行业准入指导意见（试行）》（东政办发〔2014〕142号）三项政策支持木雕红木家具产业发展，其中东政办发〔2013〕144号文、东政办发〔2014〕142号文目前已全文废止，仅东政办发〔2011〕124号文有效，且从有效的全文内容看，评定标准以规模、标准、质量、信誉、品牌为主要依据，所提供的扶持经费也主要用于宣传推广，从而对红木家具企业科技创新尚缺乏政策支持机制。另一方面，以龙头骨干企业为代表的红木家具企业往往依靠外延式增长扩大规模来获取利润，虽然也创造了一些以专利为主的自主知识产权，但29家龙头骨干企业多年来真正意义上的技术型专利（发明专利、实用新型）一共授权49项，仅占获授权专利总数的2.8%，而且企业内部尚未按照浙江省企业技术中心的标准建设企业技术中心。从创新链的角度来讲，目前也尚未有一所东阳本地高校或科研院所面向红木家具产业高质量发展的需求建设的高水平专业性技术创新平台，难以为红木家具企业开展创新技术二次开发与科技成果转化应用提供科学理论与共性关键技术研究支撑，从而对红木家具企业科技创新尚缺乏平台支撑机制。

（三）科技创新人才短缺

人才是第一资源，产业的高质量发展最终要靠高质量的人才，企业的竞争说到底也是人才的竞争。就红木家具产业东阳实践的具体境况而言，引才、育人、用才三方面的问题导致了引领东阳红木家具企业科技创新的人才短缺。在引才方面，东阳作为浙江省中部——金华市辖区内一个县级市，在全国乃至全球抢占高、精、尖科技创新人才上处于劣势，加上培养家具领域研究生以上学历人才的国内院校相对较少，且全国各家具产区企业抢占人才，竞争激烈，使得东阳红木家具企业在引进高学历的专业技术人才上存在一定困难；在育才方面，虽然在东阳有浙江广厦建设职业技术大学、浙江横店影视职业学院两所高等院校，但长期以来未面向红木家具产业高质量发展的需求而开设家具类专业，同时也不是研究生培养单位，使得本土高校难以为红木家具企业培养高学历并从事科技创新研究的人才提供有力保障；在用才方面，由于东阳红木家具企业大多数是从传承中国传统家具技艺的手工作坊发展起来，企业老板也大多数是学历相对较低的手艺人出身，企业员工也主要由拥有手工技艺的木工、木雕师傅与具有家具制作经验的普通工人构成，因而在领导组织、团队协作、实验条件、科研氛围等方面难以满足科技创新人才开展科学研究的需要，也难以满足科技创新人才职业发展的需要，使得当前境况下红木家具企业尚不能为科技创新人才提供发展科研事业，实现"科技强国"之梦的舞台。

三、红木家具企业科技创新的推进策略

中国式现代化需要依靠科技创新作为关键支撑，实现高质量发展需要依靠科技创新培育新动能，因而要发挥科技创新在中国传统家具现代化的核心驱动作用至为关键。在中国传统家具现代化的红木家具产业东阳实践中，以龙头骨干企业为代表的红木家具企业科技创新的水平与能力较为薄弱，其科技创新驱动发展之路尚未真正开启，通过解析其存在的主要问题，可以找到推进红木家具企业科技创新的对应策略，从而为红木家具产业由高速增长阶段向高质量发展阶段转变注入新动能。

（一）出台加快红木家具企业科技创新的扶持政策

首先，我们应当看到历年来东阳市委、市政府对红木家具企业发展、红木家具产业扶持的高度重视，实现了东阳红木家具产业从无到有，并因具有先发优势而发挥全国红木家具产业的引领性作用，这为发展科技创新新动能，推进红木家具产业由高速增长阶段转向高质量发展阶段奠定了坚实的基础。其次，东阳市委、市政府在"十二五""十三五"期间决策部署红木家具产业发展的主基调为规范提升，从以龙头骨干企业代表红木家具企业发展的具体实践能证明这一决策部署完全正确，在全国树立了东阳标准、东阳质量、东阳信誉、东阳品牌。为进一步擦亮"世界木雕·东阳红木"金名片，东阳市委、市政府提出从"十四五"开始东阳红木家具产业发展的主基调是在规范提升基础上融合创新，这为红木家具企业科技创新提供了历史性机遇。加之，红木原料供给的持续限制、大规模板式定制家居对红木家具市

场的不断挤压、企业营收锐减甚至难以为继的危机，倒逼红木家具企业不得不去反思企业发展方式，努力培育新的核心竞争力。因此，政府行业管理部门加快出台红木家具企业科技创新的扶持政策不仅能为红木家具企业发展指明方向，更重要的是比以往任何时候更发挥出改变观念、统一思想的作用，也比以往任何时候更有助于红木家具企业坚定科技创新的决心与信心。

具言之，一是进一步完善《东阳市木雕·红木家具龙头骨干企业培育实施办法》，把科技创新作为评定龙头骨干企业的一个关键性考量因素，同时所提供的扶持经费须用于科技创新，并根据入选龙头骨干企业自主开展科技创新的目标与指标进行经费拨付与绩效考核，以激发龙头骨干企业科技创新潜力，释放龙头骨干企业科技创新活力，进一步发挥龙头骨干企业在科技创新方面的示范引领作用。二是进一步优化《东阳市木雕竹编红木产业专项扶持资金管理办法》，基于红木家具企业以小型企业为主，且科技创新水平和能力较为薄弱的实际情况，当前对红木家具企业科技创新方面的扶持不能仅仅局限于只看结果，提供事后奖补，更需要注重的是红木家具企业科技创新水平与能力的培育，在扶持资金的总额度下，进一步加大科技创新扶持额度与范围，从技术攻关、成果转化、人才引培、平台建设、制度改革等维度，在资金额度不增减的前提下将事后奖补方式转化为事前拨付与事后奖补相结合的方式，以计划或项目制形式进行精准扶持并建立全过程动态化调整机制，真正为红木家具企业开展科技创新提供引导、扶持与规范。三是强化对红木家具企业科技创新扶持政策的宣传，通过组建政策宣讲团、投放户外广告、依托新闻媒体等方式建立集中式与个性化宣传相结合、线上与线下宣传相结合、部门与专家宣传相结合的立体式宣传矩阵，这不仅对扶持政策的贯彻落实至关重要，更有利于提升红木家具企业对科技创新的认识，为红木家具企业形成科技创新新动能，发展新质生产力，吃下"定心丸"、注入"强心剂"。

（二）建设公益性专业技术创新平台

推动产业高质量发展的一个重要着力点就是围绕产业链构建创新链。中国传统家具现代化的红木家具产业实践从产业链的角度来看，大致可分为上游的红木、漆蜡等原材料供应，中游的红木家具加工制造，下游的红木家具销售应用。按照围绕产业链构建创新链的逻辑，理论上可以分别面向上游原材料供应、面向中游红木家具加工制造、面向下游红木家具销售应用建立基础与应用研究–产品开发与试制–商品与产业化的创新链。然而，根据红木家具产业东阳实践的具体境况，红木家具企业主要为中游的红木家具加工制造企业，于是首要解决的是面向中游的红木家具加工制造建立创新链。从传承中国传统家具制作技艺发展起来的红木家具企业，大多以前店后厂式的小型企业为主，即便是龙头骨干企业也难以突破以往外延式增长的路径依赖，而对具有高投入、高风险的基础与应用研究望而却步，但都能够在构建创新链的产品开发与试制、商品与产业化环节发挥出较大作用与优势。

基于此种情况，构建创新链的基础与应用研究环节需要从红木家具企业外部解决，比较可取的方式是以东阳市家具研究院为依托，牵头建设面向红木家具加工制造基础与应用研究的公益性实验室（或工程技术研究中心），为红木家具企业科技创新提供高水平、高能级的专业技术创新平台，并着重发挥以下四方面作用：一是引领作用，一方面聚焦红木家具加工制造过程中的共性关键性技术问题（如木材稳定性处理，构件智能化制造，家具表面防护等）进行攻关，获取自主产权的技术成果，带领红木家具企业的加工制造向价值链高端攀升；另一方面，针对上游的原材料供应（如红木的高效利用、红木替代材料等）、下游的销售应用（如数智化营销、跨界融合应用等）开展基础与应用研究，引领红木家具企业根据创新链布局产业链，不断发现并发展红木家具产业新的增长点。二是支撑作用，一方面不断提升实验室（或工程技术研究中心）科研仪器装备水平，并对红木家具企业进行大型仪器设备开放共享，在实现仪器设备充分利用的同时减少红木家具企业在大型仪器设备上的固定投入；另一方面，实验室（或工程技术研究中心）要努力开发公益性的技术服务项目并面向社会常态化开放，为红木家具企业科技创新提供验证、评估、测试、分析等稳定、持续化的技术支撑。三是杠杆作用，聚力提升实验室（或工程技术研究中心）的科技创新能力与水平，申请认定省级、国家级实验室（或工程技术研究中心），不断提高实验室（或工程技术研究中心）的行业影响力，打造成为科技创新人才的圆梦平台，吸引更多科技创新人才投身东阳红木家具产业高质量发展，奉献中国传统家具现代化事业，同时撬动更多的项目资源、技术资源、资本资源进入东阳，为红木家具企业科技创新注入更多活力。四是推动作用，一方面坚持以项目为载体，通过承担国家或省市重要科研项目、设立实验室（或工程技术研究中心）开放性科研项目、攻关企事业单位委托研究项目等方式，充分发挥科研项目对红木家具企业科技创新的推动作用；另一方面坚持以活动为载体，通过举办或承办学术论坛/研讨会、组织专业性创新竞赛、承接大学生实训实习等方式，充分发挥专业性活动对红木家具企业科技创新的推动作用。

（三）构建政、院、校、行、企多方协同机制

我们既要看到科技创新在中国传统家具现代化中的关键支撑作用，又要清醒地认识到中国传统家具现代化红木家具产业实践的科技创新现状。在红木家具产业的东阳实践中，以龙头骨干企业为代表的红木家具企业尚且处于科技创新的初步阶段，不能简单照搬其他工业产业为突出企业科技创新主体地位而相对弱化其他科技创新组织的做法，甚至偏执地认为所谓的企业科技创新主体地位就是只需要企业进行科技创新。我们既要遵循科技创新的客观规律，认识到不同产业所处的科技创新阶段可能有所不同，也要尊重企业自身发展的现实情况，不能脱离实际去发展科技创新。

基于此，要不断增强东阳红木家具企业科技创新水平与能力，提高东阳红木家具企业科技创新的主体地位，为红木家具产业由高速增长阶段转向高质量发展阶段注入新动能，不仅需要出台科技创新政策来"铸灵魂"，也需要建设公益性技术平台来"强筋骨"，还需要构建多方协同机制来"生血肉"。

进一步地，就构建多方协同机制而言，在中国式现代化语境下，要以红木家具产业实践高质量发展推进中国传统家具现代化为目标，以提高红木家具企业科技创新水平与能力为突破口，构建政府、院所、高校、行业协会、企业等涉及不同主体的协同共赢关系，打造产业命运共同体。具体而言，一是充分发挥政府的协调作用，由市政府建立行业管理部门、科研院所、高等学校、行业协会、龙头骨干企业等为成员单位的红木家具产业科技发展协调机制，在以加快科技创新推动红木家具产业高质量发展的共识基础上，按照科技创新发展规律，结合红木家具产业具体实际，统筹协调红木家具产业科技创新存在的重大问题。二是在红木家具产业科技发展协调机制下，行业管理部门、科研院所、高等学校、行业协会、龙头骨干企业基于自身工作职能充分发挥其对提升红木家具企业科技创新水平和能力的促进作用，协同助力红木家具企业科技创新主体地位的形成，即：行业管理部门端要着力开展红木家具企业科技创新管理与服务的体制机制改革，不断提高不同管理部门的协同服务水平与能力，以东阳市木雕红木家居产业发展局为牵头单位，打破科技、经信、发改、知识产权、环保、人才等不同管理部门间的壁垒，搭建以红木家具企业科技创新为基础的政务信息公开与管理服务标准化综合服务平台，为红木家具企业实施科技创新提供"一站式"服务。

科研院所端要着力对接科研资源，共建、共享高水平、高能级专业技术创新平台，以东阳市家具研究院为牵头单位，一方面联合家具领域知名高校与科研院所、龙头骨干企业共建高水平、高能级专业技术创新平台，不断深化协同合作模式，以充分发挥平台的引领、支撑、杠杆与推动作用；另一方面积极开发优质科研合作资源，建立长期合作交流关系，实现外部的平台、人才、技术等优质资源的共享，为引留科技创新人才提供优秀的职业发展平台。

高等学校端要着力构建高效的协同育人机制，为红木家具产业高质量发展提供科技人才支撑。以浙江广厦建设职业技术大学为依托，一方面向国内具有研究生授予权的高校院所寻求合作，共建研究生联合培养基地，并协同东阳市家具研究院组建科教融合协同育人联合体，形成科教融合协同育人合力，重点培养满足红木家具产业高质量发展需要的基础与应用研究型创新人才；另一方面联合龙头骨干企业发起成立红木家具产业学院，开设家具相关专业，探索企业深度参与高校人才培养的人才订单班、现代学徒制班等产教融合协同育人模式，重点培养满足红木家具企业新产品开发与试制、商品与产业化所需要的应用型、技能型人才。

行业协会端要着力发挥红木家具企业集体利益代表的作用，不断调适行业管理部门、科研院所、高等学校与红木家具企业的协同关系。以东阳市红木家具行业协会为依托，一方面定期面向全体红木家具企业开展关于科技创新发展需求的专题调研，并向社会发布总体性供求分析报告，同时向行业管理部门、科研院所、高等学校分别提供满足红木家具企业科技创新的公共性政策需求、共性关键技术需求、急需紧缺人才需求的意见或建议；另一方面，不定期分析在红木家具产业科技发展协调机制下，行业管理部门、科研院所、高等学校与龙头骨干企业对整体提升红木家具企业科技创新水平与能力的作用效果，并及时反馈存在的问题，促进政、院、校、行、企多方协同，共赢发展。

龙头骨干企业端要着力构建企业发展与社会责任的平衡关系，充分发挥龙头骨干企业在中国传统家具现代化产业链中的"链主"作用，协同链上企业，不断提升产业链的市场竞争力与安全水平。经评定入选的龙头骨干企业，需要积极主动融入红木家具产业科技发展协调机制，在行业管理部门的主导与行业协会的调适下，强化科技创新强企的决心、信心与耐心，努力与科研院所、高等学校在产学研协同中，持续推动科技创新活动投入、开展、产出等各个环节有效衔接与高效运转，不断提升自身科技创新水平与能力，逐步形成技术核心竞争力，进而通过商品化与产业化链接一批上下游企业，带活一批协同龙头骨干企业加工制造的中游企业，发挥出龙头骨干企业的稳链强链作用；另外，随着科研院所针对上游的原材料供应（如红木的高效利用、红木替代材料等）、下游的销售应用（如数智化营销、跨界融合应用等）开展基础与应用研究的创新成果不断产出，以及高等学校对创新型、应用型、技能型人才的持续培养，也为龙头骨干企业进一步补链扩链提供了可能，从而有助于构建以龙头骨干企业为"链主"的产业链发展，促成"大中小微"企业协同发展格局。

第六章

新模式：红木家具企业"油改水"转型

将中国传统家具所具有的"天人合一"文化底蕴与"人与自然和谐共生"新时代文化相适应，是在中国式现代化语境下探讨中国传统家具现代化的题中应有之义，就中国传统家具现代化的红木家具产业实践而言，就是要走产业发展与环境保护的融合共赢之路。以往为了延长家具的使用寿命，提高家具的美观性，人们往往使用髹漆与烫蜡的手工艺对家具表面进行处理，但具有取材不易、工序烦琐、控制精细的操作特点。伴随着家具工业化的发展，高成本、低效率的髹漆与烫蜡手工艺已不能满足家具批量化、规模化生产的要求，取而代之的是现代化学涂料涂饰工艺技术，尤其是溶剂型（油性）涂料被大量使用，但也带来了高污染排放的环境问题。以中国传统家具生产性保护为滥觞的红木家具产业在规模扩张的高速增长阶段也主要采用现代溶剂型（油性）涂料涂饰技术，以满足红木家具大批量生产的要求，由此产生的环境污染问题，是其转向高质量发展阶段亟待解决的问题。进一步地，随着源头替换、过程控制、末端治理的环境污染综合防治技术的进步，非溶剂型（水性）涂料涂饰技术被认为最有潜力完全取代溶剂型（油性）涂料涂饰技术，是破解环境污染问题的"钥匙"；于是，如何推动红木家具企业采用非溶剂型（水性）涂料涂饰技术取代溶剂型（油性）涂饰技术，即"油改水"转型，加快形成红木家具产业绿色制造新模式是用好"钥匙"的关键。因此，基于红木家具产业的东阳实践，我们通过把握红木家具企业"油改水"转型的实践逻辑，发现并剖析其面临的现实困境，并提出相应的优化路径，以加快推进红木家具企业"油改水"转型，走好红木家具产业发展与环境保护融合共赢之路。

一、红木家具企业"油改水"转型的实践逻辑

非溶剂型（水性）涂料涂饰技术取代溶剂型（油性）涂饰技术为解决红木家具产业实践中大量使用溶剂型（油性）涂料而产生的环境污染问题提供了方案。然而，对于处在复杂社会现实中，又以营利为基本目的的红木家具企业而言，作出"油改水"转型的决策需要以其实践逻辑为基本前提，这可以从国家政策、产业治理、技术优势三个层面加以概括。

（一）贯彻落实国家绿色低碳发展政策的需要

在以中国式现代化全面推进中华民族伟大复兴的新征程上，我们需要将"人与自然和谐共生"的理念贯彻经济社会发展的全过程和各领域。为此，2024年2月，工信部等七个部门联合发布《工业和信息化部等七部门关于加快推动制造业绿色化发展的指导意见》（工信部联节〔2024〕26号）明确提出，"加快传统产业绿色低碳技术改造……遴选推广成熟度高、经济性好、绿色成效显著的关键共性技术，推动企业、园区、重点行业全面实施新一轮绿色低碳技术改造升级。"

家具产业由于存在高污染、高碳的环境问题，而制约着其自身的可持续发展，因此，家具产业绿色低碳转型势在必行。2022年8月，工信部等四个部门联合发布《推进家居产业高质量发展行动方案》（工信厅联消费〔2022〕20号）明确提出，"加大家具行业低（无）挥发性有机物（VOCs）含量原辅材料的源头替代力度，推广水性涂饰、静电粉末涂饰、光固化涂饰等工艺和装备。"这一政策直指溶剂型（油性）涂料涂饰技术转型升级问题。与板式家具产业的胶黏剂与溶剂型（油性）涂料使用而产生环境污染问题不同，红木家具产业主要是溶剂型（油性）涂料使用而产生环境污染的问题，因此，对于红木家具产业而言，贯彻国家绿色发展政策以实现家具绿色产业发展，就是要对溶剂型（油性）涂料涂饰技术进行转型升级，而由于红木家具多规格、多异形的产品特点，非溶剂型（水性）涂料涂饰技术具有显著优势，于是红木家具企业"油改水"转型将是近期甚至未来更长时间里，推动红木家具产业绿色低碳发展的主战场，红木家具企业需要积极主动地贯彻落实国家绿色发展政策，承担好建设美丽中国应负的时代责任。

（二）提升红木家具产业治理效能的需要

企业作为产业构成的基本单元，是产业治理的着力点，因而企业建立新的发展模式往往与产业治理的实际需要相关联。就红木家具产业的东阳实践而言，红木家具产业作为东阳优势特色产业，东阳市委、市政府近年来为规范提升红木家具产业已开展了两轮环保整治行动，红木家具企业"油改水"转型具有从源头预防的优势，从而消除末端治理可能失效而潜藏的环境污染风险，因而红木家具企业"油改水"转型是提升红木家具产业环保整治效能的主攻方向。2024年东阳市政府工作报告提出，"聚力木雕家居产业创新融合，深度融入整装市场"。然而，健康环保是全屋整装的消费需求和体验最为关注的问题，东阳红木家具企业要从单一卖红木家具向提供整体解决方案转变，就不得不面对整装空间的健康环保问题，其中传统木工油漆装修作业是整装空间环境污染的重要来源之一，往往完成装修也无法及时入住，从而带来使用安全风险与不好的消费体验。但是红木家具企业"油改水"转型将改变传统木工油漆装修作业所带来的环境污染问题，为打造健康环保的整装空间提供解决方案，并打造"装修完即入住"的消费体验，从而加快推动东阳木雕、红木家具与室内装修的整体融合。就此而言，红木家具企业"油改水"转型是提升红木家具产业创新融合治理效能的重要举措。

更进一步地，东阳在探索红木家具产业现代化治理上一直走在全国前列，能够对全国红木家具产业治理发挥示范引领作用。其中，东阳市政府于2020年12月13日印发《家具行业环保整治再提升工作实施方案》（东政发〔2020〕45号），这是全国六大红木主产区中率先针对红木家具产业进行"油改水"转型的专项行动，也是推动东阳家具产业发展与生态环境保护融合共促共进的创新尝试。当前其他红木及实木家具主产区也日益重视产业发展与环境保护的融合，如中山市大涌镇政府于2023年编制《中山市大涌镇家具产业集聚环保发展规划修编》涌府〔2023〕5号提出，"到2025年，涉油漆家具企业基本完成改造升级……构建高效、清洁、低碳、环保的绿色制造体系初步形成"；莆田市生态环境局2024年工作计划中提出，"在制鞋、家具制造等行业实施'油改水'治理"；赣州市南康区委、区政府于2023年制定《赣州市南康区家具喷涂企业VOCs整治攻坚行动实施方案》也着力推广"油改水"。因此，东阳对红木家具企业"油改水"转型的产业治理实践经验的不断提炼，将为其他红木及实木家具主产区的"油改水"工作提供示范样板，而且东阳红木家具企业对红木家具水性涂饰技术的不断深化与熟练应用，也将为全国红木家具行业实施绿色低碳技术改造升级提供产业化技术支持，从而充分发挥出红木家具企业"油改水"转型对提升全国红木家具产业治理效能提升的作用。

（三）实现红木家具绿色低碳技术改造的需要

就红木家具批量化生产而言，溶剂型（油性）涂料使用是造成环境污染问题的主要来源，而非溶剂型（水性）涂料涂饰技术是最具潜力完全取代溶剂型（油性）涂饰技术的绿色低碳技术，因而成为当前红木家具企业的适宜选择。具体可以从工艺类型、工艺流程、空间布局、废气治理、漆膜性能、环境保护、施工安全、成本估算展开分析。

一是从工艺类型上，红木家具多规格、多异形构件且主要是完成构件装配后再进行表面涂饰，而水性涂饰工艺与油性涂饰工艺主要采用喷涂与擦涂相结合的方式，相较于静电粉末涂饰工艺、光固化涂饰工艺更适用于红木家具。

二是从工艺流程上，采用油性涂饰工艺与水性涂饰工艺的基本流程一致，即打磨−底漆−打磨−面漆−打蜡；而大部分水性涂饰工艺之所以需要养生、擦防爆剂等特殊处理，主要是由于木材稳定性未得到有效控制，木材中的水分与水性漆中的水分产生叠加效应，从而影响涂饰质量。

三是从空间布局上，油性涂饰工艺与水性涂饰工艺的喷漆及其晾干都需要在密闭空间中进行，且由于两种工艺的基本流程一致，因而在空间布局上无明显差别，只是水性涂饰工艺对施工环境温、湿度区间要求比油性涂饰工艺相对高一些，但并不严苛，需安装抽湿机、暖风机等设备来调节施工环境温度和湿度。

四是从废气治理上，按照浙江省生态环境厅2021年发布的《浙江省挥发性有机物污染防治可行技术指南·家具制造》，采用油性涂饰的企业需安装喷淋塔+干式过滤器+活性炭吸附浓缩−脱附催化燃烧处理装置联合设备，而采用水性涂饰的企业仅需安装喷淋塔。

五是从漆膜性能上，根据东阳市市场监督管理局对红木家具企业生产的水性涂饰家具进行产品质量监督抽查的结果显示，水漆涂饰的漆膜理化性能指标（涵盖耐液性、耐湿热、耐干热、附着力、耐冷热温差、耐磨性、抗冲击）均符合国家标准要求。

六是从环境保护上，当前红木家具企业使用的水性涂料VOC含量约为130g/L，而油性涂料VOC含量较高，约为370g/L；并且水性涂饰排放废气主要是颗粒物、非甲烷总烃，而油性涂饰排放废气种类较多，主要是苯系物、乙酸酯类、颗粒物、非甲烷总烃。另外，尽管采用油性涂饰的红木家具企业通过"活性炭吸附浓缩–脱附催化燃烧"法将绝大部分废气转化为二氧化碳和水，这一过程却增加了二氧化碳的排放，不利于国家"双碳"目标任务的实现。

七是从施工安全上，一方面水性涂料VOC含量比油性涂料VOC含量要低得多，另一方面水性涂料以水为稀释剂，而油性涂料以有机溶剂作为稀释剂，其含有苯、甲苯、二甲苯等有机化合物，不仅易燃易爆，而且易挥发至空气中危害施工人员身体健康。另外，采用油性涂饰的红木家具企业使用"活性炭吸附浓缩–脱附催化燃烧"法进行废气治理，也存在一定的设备使用安全隐患。

八是从成本估算上，主要的差异体现在材料价格、环保设备投入运维成本两方面。当前红木家具企业所使用的水性涂料（配比条件下）市场均价约50元/千克，油性涂料（配比条件下）市场均价约20元/千克，假定采用水性涂饰与油性涂饰的企业生产同1套红木家具的用漆量均为24千克，且年产量均为200套，则采用水性涂饰的企业使用涂料成本一年需要增加14.4万元。在环保设备投入与日常运维方面，假定采用油性涂饰的企业购买高效废气治理设备一次性投入比采用水性涂饰的企业多20万元，且设备运行功率为30kW/h，按照每天8小时、运行300天、电费0.8元/kW·h计算，则电费需增加5.76万元，另加上环保设备活性炭、催化剂等耗材的更换按2万元计算，则采用油性涂饰的企业环保设备投入运维首年需要增加27.76万元。因此，估算得出采用油性涂饰的企业环保设备提升首年的新增成本相当于"油改水"企业前两年的新增成本。如果采用油性涂饰的企业必须要在"环保设备提升"和"油改水"转型之间二选一，"油改水"转型是实现红木家具绿色技术改造的良好时机，企业可以有3年的成本窗口期进行技术调试，而且"油改水"转型的企业越多，也就越能促进水性涂饰技术的进步与应用成本的下降。

二、红木家具企业"油改水"转型的现实困境

红木家具企业"油改水"转型不仅是贯彻落实国家绿色低碳发展政策的需要，还是提升红木家具产业治理效能的需要，同时也是实现红木家具绿色低碳技术改造的需要。然而，就红木家具产业的东阳实践而言，虽然木雕红木家具企业有1300多

家,但从企业开展红木家具生产的实际情况来看,当前红木家具生产采用的表面处理工艺类型主要有喷漆工艺、擦蜡工艺、擦油工艺、髹漆工艺、磨光工艺、白坯六种。喷漆工艺是在规模化扩张下为满足批量化生产而采用的油性涂饰工艺,其量是红木家具企业使用最多的一种,红木家具企业"油改水"转型对象指的就是使用喷漆工艺的企业。尽管在环保整治的专项行动中已有约30%的企业完成"油改水",但也陷入了推进乏力的现实困境,摆脱这种现实困境的前提就在于:一是发现红木家具企业在"油改水"转型过程中到底存在哪些突出问题而陷入了推进乏力的现实困境;二是分析产生这些突出问题的原因到底是什么。

(一)红木家具企业在"油改水"转型中存在的突出问题

调研发现,东阳红木家具企业在"油改水"转型过程中主要存在以下四个方面的问题。

一是"油改水"存在应付环保检查现象。当前红木家具企业"油改水"转型主要存在三种情况:(1)完全"油改水"转型(废气治理设备进行相应拆除);(2)兼有水性涂饰和油性涂饰两条工艺线;(3)在原油性涂饰工艺线上进行"水性涂饰"[废气治理设备未相应拆除(其设备示意图见图1),也未进行高效废气治理设备提升(其设备示意图见图2)]。目前主要是第三种"油改水"情况居多,大多企业虽然对外宣称已经"油改水",但存在应付完环保检查后仍采用油性涂饰工艺,以达到逃避安装高效废气治理设备的目的。

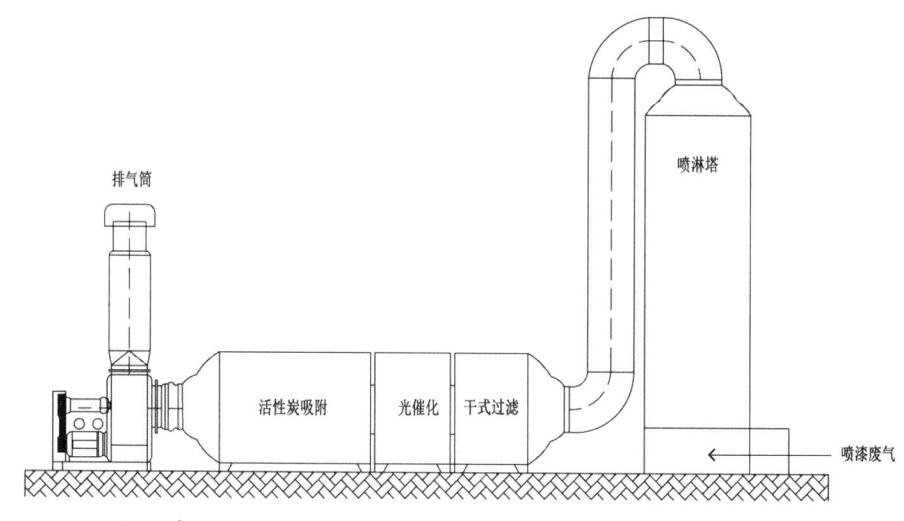

图1 部分"油改水"企业仍采用原油性涂饰废气治理设备示意图

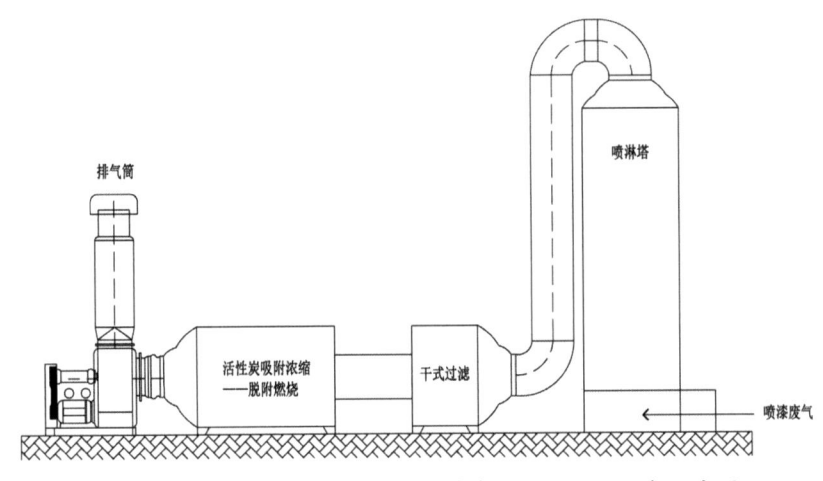

图2 采用油性涂饰的企业应需安装高效废气治理设备示意图

二是"油改水"存在技术安全隐患问题。尽管当前水性涂饰漆膜性能指标均符合国家标准，一些企业仍然认为水性涂饰的稳定性可能不如油性涂饰，存在技术安全隐患；另一方面，虽然东阳企业主导或参与制定了浙江制造标准《红木家具专用水性涂料》(T/ZZB 3074—2023)、中国林产工业协会团体标准《红木家具水性涂料涂饰技术要求》(T/CNFPIA 3028—2023)，但起草标准的大部分企业并未真正去执行，也进一步印证了对"油改水"转型的技术安全隐患。

三是"油改水"存在转型意愿不强现象。东阳施行《家具行业环保整治再提升工作实施方案》以来，完成"油改水"企业数量没有完成"高效废气治理设备提升"企业数量多，而且从金华市生态环境局2021—2023年审批通过的70个设喷漆工艺企业新建项目来看，完全"油改水"转型的新建项目仅11个。由此观之，红木家具企业"油改水"转型的意愿并不强。

四是"油改水"存在规范指引不统一现象。"油改水"废气治理可行技术指引涉及企业"油改水"废气治理设备投入，也会影响到企业"油改水"废气排放的有效治理。然而，生态环境部发布《家具制造工业污染防治可行技术指南》(HJ 1180-2021)规定的水性涂饰废气治理可行技术为"干式过滤技术+吸附法VOCs治理技术"(其设备示意图见图3)、浙江省生态环境厅发布《浙江省挥发性有机物污染防治可行技术指南 家具制造》(2021年11月)规定的水性涂饰废气治理可行技术为"喷淋吸收技术"(其设备示意图见图4)、东阳市政府发布《家具行业环保整治再提升工作实施方案》(东政发〔2020〕45号)规定的水性涂饰废气治理可行技术为"干式过滤+水喷淋"(其设备示意图见图5)，这三个规范指引存在不统一的现象，造成当

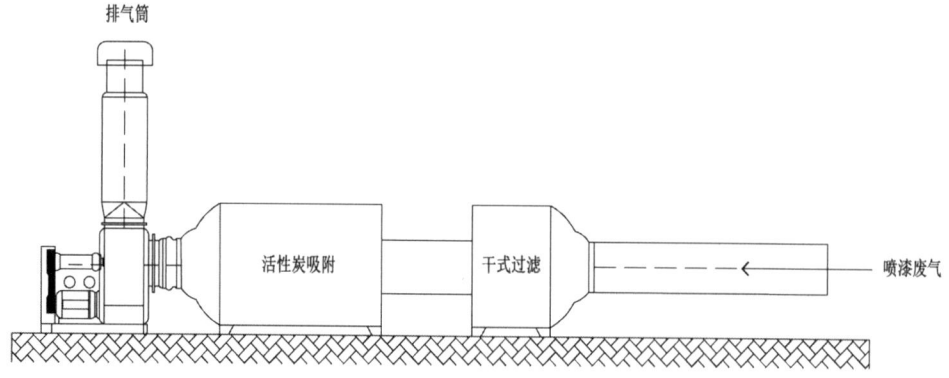

图3　生态环境部指导的"油改水"废气治理技术装备示意图

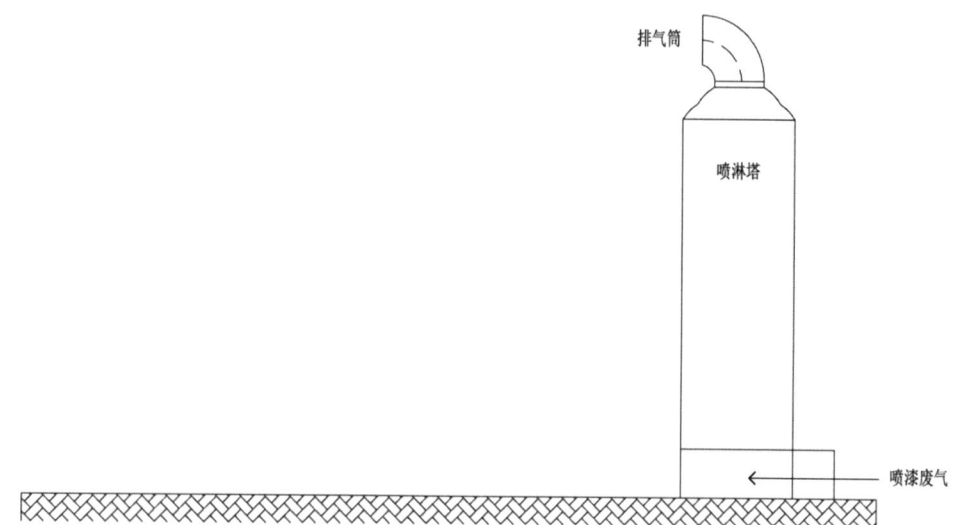

图4　浙江省生态环境厅指导的"油改水"废气治理技术装备示意图

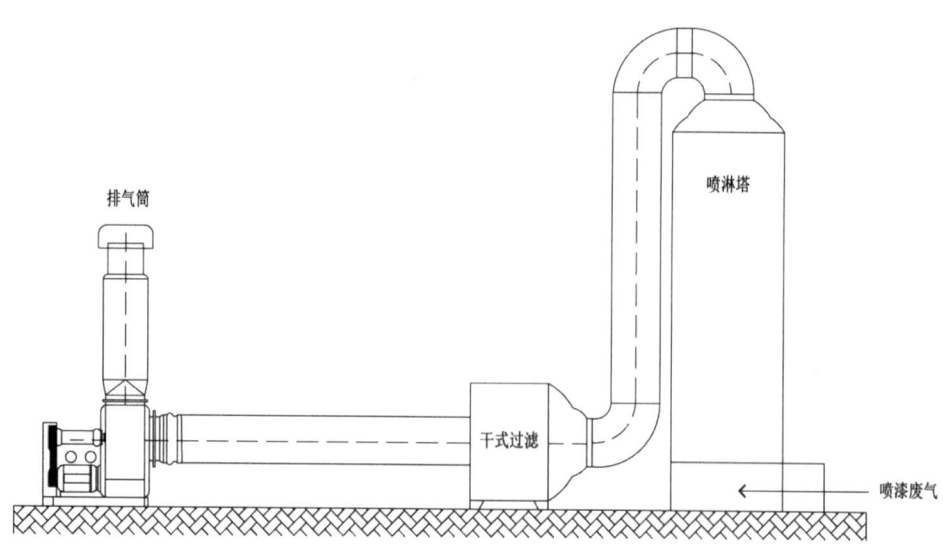

图5　东阳市指导的"油改水"废气治理技术装备示意图

前完成"油改水"的企业在废气治理设备上存在较大差异,也为其质疑环保整治的严肃性与应付环保检查埋下了伏笔。

(二)红木家具企业在"油改水"转型中存在问题的原因

红木家具企业在"油改水"转型过程中存在应付检查、安全隐患、意愿不足、指引不一等突出问题而陷入推进乏力的现实困境,主要有四方面的原因。

一是发展与环保融合共赢意识相对薄弱。尽管采用水性涂饰技术是红木家具进行绿色低碳技术改造的适宜选择,但是具体到每一个企业去开展"油改水"转型行动,必然会遇到各自不同的困难与问题。从当前红木家具企业"油改水"转型所暴露出的突出问题,反映出红木家具企业对"油改水"缺乏信心、决心与耐心,况且在环保整治的推动下,一些企业进行"油改水"转型,是迫于环保检查的压力而非期望或者说自愿,实际上这都可归结为一个根本原因,就是红木家具企业没有真正地把握"油改水"的实践逻辑,没有把追求企业利润和承担社会责任结合起来,树牢发展与环保融合共赢的意识。

二是企业之间产品同质化竞争较为严重。大部分采用油性涂饰的红木家具企业,其优势在于批量化生产制作,研发创新力、品牌竞争力相对缺乏,且市场定位趋于重叠,导致同质化竞争较为严重,尤其在当前市场需求疲软、产能过剩的情况下,如何降低成本,甚至压缩利润空间以顺利出货是其当前第一要务。"油改水"转型相较于继续采用油性涂饰并不能立即带来销售量的增加,反而提高了生产成本,尤其是非国标红木生产制作的家具产品本身利润低,"油改水"进一步压低了利润空间。这是导致企业转型意愿不强、存在应付检查、技术安全隐患等突出问题的基本原因。

三是"油改水"研-产-推-用结合不够深入。红木家具水性涂饰技术因涂料不同、材料不同、温湿条件不同、涂饰效果要求不同、使用环境不同而在工艺参数上存在较大差异,且当前"油改水"在研-产-推-用结合上不够深入,目前主要是那些想要"油改水"转型的企业根据自身需求向涂料生产企业定制专用产品,使得红木家具水性涂饰技术暂无法成为一种公共产品在红木家具产业普遍应用;与此同时,还有部分红木家具企业基于自身利益的考虑,会传播一些不利于推动"油改水"转型的言论,而形成的"油改水"负面舆情未得到有效引导与控制,也难以为"油改水"转型营造良好的社会环境。这成为推进红木家具企业"油改水"转型乏力的主要原因。

四是企业之间比较而产生的不平衡心理。按照前文估算,油性涂饰企业进行高效废气治理设备提升后,若正常运行,每年运维费约7.76万元,但有些采用油性涂饰的企业并未正常运行而投机节约下这笔运维成本。相比之下,进行"油改水"转型的企业每年仅水性涂料材料成本就新增约14.4万元,进而产生不平衡心理。而选择"高效废气治理设备提升"可能只需一次性新增20万元设备成本,并且采用油性涂饰的企业可以等到水性涂料价格成本降下来,或者水性涂饰技术更加成熟后,再进行"油改水",避免进行较大的生产线改动。这是造成推进红木家具企业"油改水"转型乏力的直接原因。

三、红木家具企业"油改水"转型的优化路径

在以人与自然和谐共生为重要特征的中国式现代化语境下,中国传统家具现代化的红木家具产业实践因大量使用溶剂型(油性)涂料而产生的环境污染问题亟待解决。而非溶剂型(水性)涂料涂饰技术是最有潜力完全取代溶剂型(油性)涂料涂饰技术的绿色低碳技术,但是对以营利为基本目的的红木家具企业而言,"油改水"转型并非只是单纯的技术问题,尤其是在红木家具产业的东阳实践中,红木家具企业"油改水"转型也并非是个别企业的行为,而是推动红木家具产业发展与环境保护融合共赢的主要抓手,也是打造千亿木雕家居产业的必由之路,于是在红木家具企业"油改水"转型过程中会暴露一些突出问题,从而影响红木家具产业绿色制造新模式形成的进程。因此,红木家具企业"油改水"转型是一项系统工程,需要坚持法治化、系统化、协同化的原则进行综合优化施策,才能走好红木家具产业发展与环境保护融合共赢之路。

(一)进一步强化红木家具企业"油改水"转型政策指引

为解决发展红木家具产业所带来的环境污染问题,东阳市委、市政府已开展了两轮环保整治专项行动,从市政府发布的《家具行业环保整治再提升工作实施方案》(东政发〔2020〕45号)政策来看,采用油性涂饰的红木家具企业实施"高效废气治理设备提升"与实施"油改水"被放在同等重要地位,且都能够享受资金奖补政策,这会给红木家具企业造成误解,认为只需在"高效废气治理设备提升"与"油改水"之间二选一,并没有准确认识"高效废气治理设备提升"与"油改水"的真正意义。而且在此政策指引下,难以避免"高效废气治理设备提升"与"油改水"

之间的对立，使得不同红木家具企业到底选择哪一种方式变成了"公说公有理、婆说婆有理"的争论，不利于红木家具企业"油改水"转型的顺利推进。

事实上，采用油性涂饰的红木家具企业实施"高效废气治理设备提升"与实施"油改水"并不是同一层级上的问题，即"高效废气治理设备提升"是对采用油性涂饰的红木家具企业VOCs排放末端治理的强制性技术要求，而"油改水"是对采用油性涂饰的红木家具企业从源头减少VOCs排放的倡导性技术方法要求，换句话说，"高效废气治理设备提升"对于采用油性涂饰的红木家具企业来说是不可逾越的一条红线，而"油改水"对于采用油性涂饰的红木家具企业来说是超越传统的一条新赛道。因此，加快推进红木家具企业"油改水"转型，需要进一步强化红木家具企业"油改水"转型的政策指引。

具体而言，可以分成两部分：一是从严治理VOCs排放，对于继续使用油性涂饰的企业必须进行高效废气治理设备提升，并建立常态化的验收与运维监管制度，而对于不再使用"油漆涂饰"的企业可以选择：（1）传统涂饰技术（髹漆和烫蜡）或磨光工艺；（2）水性涂饰/静电粉末涂饰/光固化涂饰等新型绿色低碳技术；（3）取消喷漆工艺环节（生产白坯或者喷漆外协）；（4）停工停产，按照相应的规定完成改造或关停手续，并建立信息公开制度，同时加大举报涉VOCs排放违法违规行为奖励力度，依法依规查处并面向社会公开违法违规行为。二是大力支持"油改水"绿色技术改造，进一步规范化、公开化"油改水"技术改造项目程序（含立项、验收等标准），为"油改水"技改项目提供政策咨询、项目受理、技术支持等"一站式"服务，同时对"油改水"取得成效的企业提供奖补资金，并在用水、用电、宣传等惠企政策上予以支持。

（二）深入推进木雕家居全产业链品牌建设

正如前文所述，采用油性涂饰的红木家具企业的主要优势在于批量化生产制作，通过提高生产效率、降低生产成本的方式不断增加销售量获取利润。然而，单纯依靠人口红利的粗放式发展时代已然过去，红木家具产业正由高速增长阶段转向高质量发展阶段，因而红木家具产业的主要矛盾不是红木家具生产的落后不能满足人们对红木家具的大量需要，而是红木家具设计与制造的不平衡、不充分不能满足人们对高品质红木家具的期待。简而言之，越丰富、越好的红木家具是未来的方向，当然"丰富"并非只指数量，而是品类多、可选择性多、各有各的特色，而"好"则体现在能够创造价值，既有共性的价值也有特殊的价值。

因此，缓解红木家具产业经由高速增长阶段带来的红木家具企业产品同质化竞争问题，就是要抓住当前的主要矛盾，以创造越丰富、越好的家具为基本目标，从品牌建设的维度推进红木家具企业的差异化发展。就红木家具企业"油改水"转型而言，如果只将"水性涂饰"当做一种与"油性涂饰"放在同一层次上进行比较的可选技术，对于以营利为基本目的的红木家具企业，尤其对那些当前正面临生存危机以出货为第一要务的企业而言，并不具备吸引力，这就不难解释一些红木家具企业为应付环保检查而在形式上完成"油改水"的现象。然而，如果从因"油性涂饰"带来环境问题已不能满足人们对美好生活的需要，"水性涂饰"是突破传统"油性涂饰"发展模式的新赛道进行思考，"油改水"就成为红木家具企业的一个潜在需求，但是要把这个潜在需求转化为真实需求，就需要从品牌建设的维度，把"水性涂饰"作为提升红木家具产品附加值的一个切入点，推动红木家具企业差异化发展，也就能够加快推进红木家具企业"油改水"转型。

进一步地，可以采取以下举措：一是设立并开展"东阳市红木家具全产业链品牌评选计划"。一方面从红木家具水性涂饰技术特色与优势的角度，培育"水性涂饰"品牌，鼓励红木家具企业不断突破水性涂饰新技术、研发新产品，以发展核心竞争力；另一方面从红木家具企业共享水性涂饰技术成果的角度，将"水性涂饰"作为红木家具企业突破传统"油性涂饰"而共享的一个公共技术品牌，成为红木家具产业的新基础，并在此之上培育具有家具制作技艺特色与优势的"大师"品牌、培育具有全屋整装特色与优势"中式整装"品牌，进而设立并开展"东阳市木雕家居全产业链品牌评选计划"，坚持以研发创新、标准建设为引领，推动红木家具产业各层次品牌建设，引导红木家具企业差异化竞争，提升红木家具产品附加值，从而为加快推动红木家具企业"油改水"转型创造更多利润缓冲空间。二是设立并开展"东阳市红木家具全产业链品牌宣传计划"。依托"东阳红木家具"集体商标（"东"字标），不断规范与升华集体商标的品牌内涵，使得全产业链各层次优秀品牌通过"东"字标得以集体呈现，同时设立并开展"东阳市红木家具全产业链品牌宣传计划"，建立线上线下相结合、室内户外相结合、政行企相结合的宣传网络，让消费者能更确切地了解"东"字标公共品牌的实质，进一步提升"东"字标的品牌影响力，实现与红木家具产业链现代化共促共进。

（三）加快推动以党建引领产-研-推-用一体化构建

为加快推进红木家具企业"油改水"转型，如果说强化政策指引可以进一步明确方向，推进品牌建设可以进一步明确目标，那么接下来就要进一步明确做法。虽然红木家具企业"油改水"并非单纯是技术问题，但技术问题作为基础问题也不能被忽视。通过前章的分析，我们已然了解以龙头骨干企业为代表的红木家具企业科技创新水平与能力较为薄弱，尤其当前诸多红木家具企业面临生存危机而把主要精力放在清仓陈货，完全寄希望于企业自发自觉去突破红木家具水性涂饰的一些技术难题暂不现实。基于红木家具水性涂饰因涂料不同、材料不同、温湿条件不同、涂饰效果要求不同、使用环境不同而在工艺参数上存在较大差异的技术特点，最基本的就是明确市场上常用于制作红木家具材料其各自的水性涂饰技术规范，而这对一般只生产制造一两种红木材料家具的企业来说也暂不现实；更为重要的是，对于以营利为基本目的的企业而言，取得的新技术往往属于企业商业机密，暂且不说是否具备成为一项共性技术的潜力，就从商业竞争而言，制造一些技术缺陷的舆论而去限制技术的应用也是常有之事。就此而言，也能够进一步理解红木家具"油改水"转型是一个源于技术但不局限于技术的系统工程。

基于上述现实情况，要想高效突破水性涂饰关键共性技术并为其推广应用保驾护航，筑牢红木家具产业新基础，就需要发挥党的领导的这个根本制度优势，以党建为引领，将党组织的政治优势、组织优势转化为技术创新优势、产业治理优势。具体而言，就是要加快东阳红木家具产业党建联盟建设，充分发挥党建联盟的核心引领作用，将高校院所（浙江广厦建设职业技术大学、东阳市家具研究院）、检测机构（浙江省木雕红木家具产品质量检验中心）、行业协会（东阳市红木家具行业协会、东阳市工艺美术行业协会）、"油改水"企业、水性涂料生产企业等纳入党建联盟成员，以党建引领红木家具企业"油改水"转型的产–研–推–用一体化构建，并着重开展以下三项工作：一是以"第一议题"制度推动理论学习，不断提升红木家具产业共同体的发展与环保融合共赢意识；二是对水性涂饰的稳定性、丰满度、韧性、硬度等技术问题进行联合攻关，研发红木家具水性涂饰关键共性技术，并转化为技术标准或规范，推动成为红木家具产业突破传统"油性涂饰"方式而共享的一个公共技术品牌，加快形成红木家具产业绿色制造新模式；三是关注红木家具企业、消费者对"油改水"转型的有关反馈、意见与建议，分析研判与"油改水"有关舆情的风险，并以红木家具产业党建联盟名义对舆情进行引导与管控。

第七章

新业态：红木家具行业中式整装发展

在以中国式现代化全面推进强国建设、民族伟大复兴的新征程上，要坚定不移地把实现高质量发展作为首要任务，而新质生产力是推动高质量发展的内在要求和重要着力点，但加快形成新质生产力的关键是推动科技创新与产业创新深度融合，具体表现为：一方面要以科技创新催生新兴产业，提供新产品与新服务，培育新的经济生长点；另一方面要以科技创新赋能传统产业，提高产品质量和生产效率，培育新的产业形态。

虽然家具产业是我国典型的劳动密集型传统产业，但中国家具协会2019年统计显示，我国以全球39%的家具产量、35%的出口总额、29%的消费市场，成为世界第一的家具生产国、出口国和消费国。这一成就的取得离不开创新技术，如机械化创新技术、自动化创新技术等，家具产业的融合应用，并发展出了"定制家居"的新业态，且成为了家具产业的主要构成部分。近几年随着制造强国战略的深入实施，人工智能、物联网、大数据等创新技术进一步对定制家居行业的赋能，又形成了"全屋整装"的行业发展新趋势，其主要表现形式是定制家居企业终端交付的产品形态从组件式的家具单品向集成式的家居系统转变。这种转变对于定制家居企业的持续经营来说，就是通过不断变化品类、扩充与整合的量变过程来实现一体化交付的质变目的，让房子变成了家，为用户创造"拎包入住"的体验感，从而不断提升总销售额与客单价。当前定制家居头部企业纷纷发力"全屋整装"，如尚品宅配提出"一站式装修"的BIM整装战略、欧派提出"柜、门、墙、配一体化"的整家定制战略、以及顾家提出"定制+软体家具一体化"综合家居零售运营商战略等，加速了"全屋整装"成为定制家居行业新业态的发展步伐。

一、全屋整装对红木家具行业的重要启示

红木家具产业以中国传统家具生产性保护为滥觞,并在上游红木原料价格与进口条件相对宽松、下游消费市场持续扩张的历史条件下得到了规模化发展。在红木家具产业转向高质量发展的过程中,以批量化生产成品家具为特征的红木家具企业不仅面临着普遍手艺人出身的企业掌舵者难以把握不断发展变化的时代需求的自身问题,还面临着红木家具企业间泛明清类型的家具产品同质化严重的竞争问题,更为重要的是,在定制家居行业的全屋整装发展趋势影响下,成品红木家具的市场入口至少经过三个层次的客户截流:第一个层次是地产企业的截流,第二个层次是物业、中介公司的截流,第三个层次是家装公司、电商平台的截流,再加上受国际形势复杂多变而经济增长放缓、《濒危野生动植物种国际贸易公约》持续限制红木家具企业普遍陷入生存危机的严峻挑战。

如何应对生存危机育新机,如何应对时代变局并新局是红木家具企业正面临的严峻课题。定制家居行业在应对越来越多元化的消费需求而单品家具定制营利到达天花板的危局中,以深入实施制造强国战略为指引,通过科技创新与家居定制深度融合,实现终端交付从组件式的家具单品向集成式的家居系统转变,为消费者提供"产品+服务"的整体解决方案,进而产生了"全屋整装"新业态。因而,定制家居行业发展"全屋整装"新业态上的先进经验为红木家具行业突破现实困境,实现可持续发展提供了重要启示。

首先,从传承中国传统家具制作技艺而发展起来的红木家具企业,往往注重家具本身的器型、材质、工艺与神韵,而忽视对当今社会人们的需求、偏好与行为习惯的研究,于是可以借鉴全屋整装以用户为中心的理念,转变红木家具企业传统的产品思维,建立用户思维。换句话说,重要的不是红木家具企业自己擅长做什么,而是洞察消费者到底需要什么以及能够满足消费者什么。

其次,红木家具行业主要为市场提供泛明清类型的成品家具,这既是目标又是手段,在创造用户价值上比较单一且缺乏针对性,从而在市场竞争力上难以动态发展核心优势,于是可以借鉴全屋整装的"一体化交付"价值创造方式,针对性解决用户问题,为用户创造特殊价值的"整体解决方案"作为目标,把"产品+服务"作为实现"整体解决方案"的载体,用"整装逻辑"重塑红木家具企业为用户创造价值的方式,推动其从成品红木家具制造商向整体解决方案提供商转变。

最后，由于红木家具多规格、多异形的产品特点，产品质量与生产效益在很大程度上依赖木工师傅的个人技艺与经验，红木家具行业生产机械自动化、管理信息化的整体水平还不高，而定制家居行业通过创新科技与家居定制的材料–结构–产品的全过程进行深度融合，产生全屋整装的新业态，形成推动高质量发展的新质生产力的先进做法，即红木家具行业需要以开放的姿态去拥抱科技，在区别中国传统家具核心技艺与红木家具行业落后生产力的基础上，应用科技创新去改造落后生产力，实现创新技术对产品（服务）、工艺（流程）、组织（管理）和营销（推广）等进行全链条重构，以技术引领来形塑中式整装新业态，形成新质生产力，加快推动红木家具产业由高速增长阶段向高质量发展阶段转变。

二、红木家具行业对中式整装的实践探索

从上文可以看出，定制家居行业在发展全屋整装新业态上形成的诸多优秀经验与做法为红木家具行业应对生存危机及未来持续发展提供了参考与借鉴。另一方面，红木家具行业面对生存危机并没有坐以待毙，面对复杂时代环境的不确定性也不是被动变化，而是积极主动地去突破困局，探索改变传统发展思维、发展逻辑与发展路径的出路。因此，基于全屋整装对红木家具行业发展中式整装新业态，形成新质生产力的重要启示，接下来我们着重梳理红木家具产业东阳实践基于自身境况对中式整装的探索，分析制约红木家具行业中式整装发展的关键共性问题，并提出培育中式整装新业态的突破策略。

"十三五"中前期是东阳红木家具产业的高速增长阶段，在"更好的工艺、更优的设计、更多的选择、更高的性价比"产业发展要求下，红木家具企业更注重家具本身的质量。为追求利润最大化，部分企业通过大批量生产成品红木家具来抢占市场，仅东阳辖区内就有木雕城、海德、横店、南马四个红木家具交易市场，即使通过效能评定、环保整治等一系列规范措施后，仍有1300多家木雕红木家具企业，涌现了如明堂、中信红木、卓木王、大清翰林、新明红木等全国知名的成品红木家具品牌，红木家具频频亮相G20杭州峰会、厦门金砖五国峰会、上海合作组织青岛峰会、中国国际进口博览会、中国北京世界园艺博览会、武汉军运会等国家重大活动场合，也打响了"买红木到东阳"的品牌。

从"十三五"中后期开始，随着国际形势更加复杂多变、中美贸易摩擦加剧所

带来的全球经济持续低迷，红木家具消费市场整体受影响。面对这种锐变，红木家具产业高速增长的态势可能转变，为防范产业发展风险，往哪个方向走成为不得不去思考的重要课题。在这种情况下，东阳红木家具行业在市委、市政府的坚强领导下开始了对中式整装的实践探索。

一是在政府主导方面，2018年11月，为推进文化优势转化为发展优势，市委、市政府提出了新中式家装文化项目，并通过"中国好空间"新中式家居设计大赛来推动东阳传统木雕工艺与现代家居设计相结合；2019年8月，市委、市政府对红木家具产业提出了"做强做优做长久 规范融合强创新"的发展要求，推动红木家具产业走与建筑、旅游、文化融合创新之路，创造融东阳建筑、木雕、家具、书画等为一体的东阳风格、东阳方式；2022年4月，市委、市政府倡导从"家具"走向"家居"，进一步拓展全屋整装市场。2024年2月，东阳市政府工作报告提出，"聚力木雕家居产业创新融合，深度融入整装市场"。

二是在企业主体方面，营利是企业能够持续经营的关键，随着红木家具在卖场终端成交量急速下滑所带来的滞销与积压问题日益凸显，去库存成为红木家具企业的头等大事，于是绝大部分企业仍把重心放在成品家具的销售推广上，专卖销售、加盟销售、降价销售、网店销售、直播销售等成为常用手段，尽管有部分企业建立了家具整体陈设体验馆，但大多数仅作为成品红木家具体验式销售的工具，也就是说绝大部分企业仍然坚持传统大批量生产的家具产品刚性思维，奋力在逆境中生存下来。当然，少数敏锐且有魄力的企业开始进军中式整装领域，探索破局之法，随之诞生的中式整装主要有三种具体表现形式：第一种是转变企业发展战略，从红木家具制造商转型升级为中式整装定制服务商，如卓木王红木于2019年完成了从传统红木企业到中式精致生活大家居的品牌战略升级，专门提供从空间设计、原木整装到红木家具、软装配饰的中式全屋高级定制的一体化解决方案，其品牌视觉形象见图6；第二种是拓展企业产品体系，推出中式整装新产品系列，如双洋红木于2019年推出高端原木整装业务板块，并完成了中国共产党历史展览馆等重要整装工程项目，中国共产党历史展览馆红色大厅原木整装实景见图7；第三种是探索红木家具共享经济模式，打造承载其他商业交易的中式整装公共空间，如上汐家居于2019年推出"城市客厅"整装公共空间，并在义乌机场成功实施"上汐客厅"头等舱候机室整装项目，其实景见图8。尽管目前企业主体对发展中式整装的认识还不足，也未形成广泛共识，但从全屋整装对红木家具行业的重要启示维度来看，先锋企业对中式整装的实践探索已展现出了发展中式整装新业态所必须具备的用户思维与整装逻辑,由此也进一步印证了改变传统以成品红木家具产品主导的发展定式,探索以用户思维、整装逻辑、技术引领为内在要求的中式整装新业态,无疑是帮助红木家具企业走出生存困境、推进红木家具供给侧结构性改革、引领红木家具产业高质量发展的良方。

图6　卓木王中式精致生活大家居品牌VI

图7　中国共产党历史展览馆红色大厅原木整装实景

图8 "上汐客厅"头等舱候机室实景

三、制约中式整装发展的关键共性问题

虽然定制家居行业与红木家具行业同属家具产业,且定制家居行业的全屋整装对红木家具行业发展中式整装具有重要启示意义,但是定制家具行业之所以能够产生全屋整装的新业态与其所依托的行业特点、行业基础、现实条件紧密相连,而这又与红木家具行业对中式整装进行实践探索的具体情况不同,不能简单地认为发展全屋整装新业态所发现并解决的关键共性问题就是当前制约中式整装发展的关键共性问题。因此,需要根据全屋整装对红木家具行业发展中式整装新业态,形成新质生产力的重要启示,结合东阳红木家具行业对中式整装进行实践探索的具体情况剖析制约红木家具行业发展中式整装的关键共性问题。

(一)对中式整装的理性认识不足

基于全屋整装对红木家具行业的重要启示,发展中式整装要具备三个必不可少的维度:一是发展思维维度,要转变红木家具行业传统的以家具(物)为中心的产品思维,建立以用户(人)为中心的用户思维;二是发展逻辑维度,要转变红木家具行业以成品家具为共性价值目标的家具（造物）逻辑，建立以整体解决方案为特殊价值目标、产品+服务为实现价值载体的整装（谋事）逻辑方式；三是发展路径维度，要改造红木家具行业落后生产力，在传承中国传统家具核心技艺的基础上，推动科技创新与红木家具行业深度融合，以技术引领塑造中式整装新业态，形成新质生产力。简单而言，中式整装新业态本质上是建立在用户思维和整装逻辑上的新质生产力。需要注意的是，不同红木家具企业对中式整装新业态的具体实践形式是多元的，也就是说红木家具企业不是盲目地从红木家具制造商转向硬装+软装+家电全能提供商，而是要利用中式整装的发展趋势，在为满足用户需求到底系统集成哪些产品，为解决产品交付问题又向客户提供什么服务中寻找机会。

东阳红木家具企业是为突破困局才开始进行中式整装的实践探索，因而大部分企业对中式整装缺乏全面而深刻的理性认识，主要表现在：一是对红木家具产业高速增长阶段的态势在外界环境剧变的影响下已发生转变的认识不足，即便在遭遇生存危机的严峻挑战下，仍对消费市场恢复以往行情抱有希望，而对需要转变红木家具企业传统发展思维、逻辑与路径的中式整装持否定或者忽视的态度；二是将中式整装仅仅视为红木家具企业新增的业务品类，并作为产品体系进行扩展，建设整装体验馆的主要目的也是为了促进成品红木家具的销售，即传统大批量、为客户提供泛明清类型的成品家具产品的刚性思维并未发生改变，仍然以产品为中心而非以用户为中心；三是将中式整装简单等同于传统整家装修工程，发展中式整装就是让红木家具企业向家装企业转变，而诸多企业对于这种转变出路充满了质疑，以至于对探索中式整装又望而却步；四是将中式整装简单地理解为从成品红木家具制造商向整体解决方案提供商转变，并没有重视创新科技融合应用，部分红木家具企业实践发现成交量并没有增加反而运营成本还明显增高，从而对发展中式整装丧失信心。也正是因为红木家具行业对中式整装发展存在的否定、无关紧要、偏颇、片面等的认识，也就无法凝聚广泛的共识，难以形成发展合力共同推动中式整装的快速发展。

（二）中式整装发展的科技基础薄弱

尽管已有不少红木家具企业在中式整装的实践探索中承接了中式全屋装修工程，但距离真正意义上的中式整装还相差甚远。正如前文所述，发展中式整装必不可少的三个维度为用户思维、整装逻辑与技术引领，当前红木家具企业所承接的中式全屋装修工程虽然具备了一定的用户思维与整装逻辑，但缺乏创新技术的深度融入。

因为在传统社会里,建筑建造、室内布局、家具制作往往也是按户主要求进行整体化定做的,从这个意义上可以说,当前红木家具企业所进行的全屋整体化定做只是红木家具行业的普通生产力而非新质生产力。

进一步地,发展中式整装就是发展红木家具行业的新质生产力,而新质生产力的核心要素就是科技创新,也就是说如果创新技术没有与红木家具行业深度融合,就不可能产生中式整装新业态,这一论断也可以从定制家居的全屋整装新业态得以印证。定制家居行业之所以能够发展出全屋整装新业态,核心就是从定制材料的规格人造板连续化制造、定制结构的32mm连接系统、定制研发的数字化设计系统、到定制设备的工业机器人、再到定制生产线的工业4.0无人工厂,实现了创新科技与家居定制的深度融合,以技术为引领对定制家居行业进行了改造提升。然而,纵观红木家具行业,大部分企业尚处于基于技艺与经验的手工与机械相交糅的工业1.0阶段,而且以龙头骨干企业为代表的红木家具企业科技创新水平与能力较为薄弱,木材稳定性问题、部件模块化问题、工艺标准化问题、装备数字化问题等一系列制约红木家具高效柔性生产的共性关键技术问题尚未突破,红木家具行业的科技基础较为薄弱,也成为发展中式整装较为突出的短板。

(三)中式整装发展的推动机制乏力

近几年,少数东阳红木家具企业开始对中式整装进行实践探索,这是在行业同质化竞争激烈与突遇市场寒冬的境遇下,为解决自身生存与发展问题的破局试验,而不是在生产要素充分涌流下的自然而为。因而,要想把几个企业对中式整装初显生命力的创新实践探索加快培育为整个红木家具行业的新型业态,除了对中式整装发展有全面而深刻的理性认识、应用创新科技引领中式整装发展外,还需要强有力的推动机制,但是当前推动机制乏力是制约中式整装发展的关键共性问题。

具言之,主要表现在以下三个方面:一是政策推动乏力,虽然政府为推动东阳经济社会高质量发展制定了人才强市、创新强市、工业强市等一系列政策,但红木家具产业作为依赖手工技艺与经验的传统劳动密集型产业,具有文化产业与制造业的双重属性而有其发展规律与所处阶段的特殊性,普适性的政策推动效果十分有限;特别是近年来市委、市政府高度重视并引导红木家具产业走融合发展、从家具走向家居、深度融入整装市场,但尚未出台相配套的培育扶持政策,难以为加快推动中式整装发展创造良好的政策环境。二是标准化推动乏力,虽然红木家具企业对中式整装新业态的具体实践形式并不是唯一的，但必须要靠科技创新来引领，并且科技创新与红木家具产业链各个环节的深度融合及其广泛推广应用必须以标准化为基础；然而，当前红木家具行业大部分企业尚处于技艺与经验的手工与机械相交糅的工业1.0阶段，科技创新水平与能力普遍薄弱，标准化程度比定制家居行业要低得多。少数开展中式整装实践探索的红木家具企业正面临着订单交期不稳定、成本难控制、供应链难以协作等棘手问题，而这些问题与红木家具生产相关标准、系统集成相关标准、服务相关标准、供应链协作相关标准的缺位直接相关。另外，发展中式整装的相关标准缺位，也会造成整个业态中的产品与服务质量良莠不齐，难以引导企业进行公平、有序竞争。三是协同推动乏力，借鉴全屋整装一体化交付的价值创造方式，发展中式整装是以整体解决方案为价值目标、产品+服务为实现载体，这就意味着基于资源整合的产品创新协同、系统集成协同、产品服务协同也是题中应有之义；然而，当前红木家具行业的少数企业是迫于自身生存发展的现实问题，抱着边走边看的心态去探索中式整装，缺乏对中式整装全面而深刻的理性认识，使得以客户需求为导向，以资源整合为手段的高效协同方式并未真正建立，也就难以实现从成品红木家具制造商向中式整装解决方案提供商的真正转变。

四、培育中式整装新业态的突破策略

培育中式整装新业态，加快形成新质生产力是把握新时代发展环境变化趋势、帮助红木家具企业走出当前生存困境、推进红木家具行业供给侧结构性改革、推动红木家具产业高质量发展的必然选择。然而，当前理性认识不足、科技基础薄弱、推动机制乏力等关键共性问题制约着中式整装的健康有序发展。因此，为突破制约中式整装发展的关键共性问题，需要采取思想与行动统一、近期目标与长远谋划兼顾、重点攻关与全局统筹相配的有效策略，才能加快培育红木家具行业中式整装新业态，形成推动红木家具产业高质量发展的新质生产力。

（一）升级产业宣传语，整合发展中式整装思想

培育中式整装新业态，形成东阳红木家具行业发展新动能，推动东阳红木家具产业高质量发展，提升产业整体竞争力与产业链现代化水平，需要在市委、市政府的坚强领导和全市人民的大力支持下，产业各参与主体凝心聚力，整合红木家具行

业发展中式整装的新思想，最简单有效的方式就是升级产业宣传语，将"买红木到东阳，更好的工艺、更优的设计、更多的选择、更高的性价比"升级为"东阳，让中式整装更配美好生活"。然而，升级产业宣传语并非仅仅只是通过感官层面的新鲜刺激以加深印象，而是通过对红木家具产业发展新战略与新价值的简要诠释与表达，来提升产业各参与主体对发展中式整装的理性认识，引发情感共鸣，进而产生思想共振，最后得以遵行与践行。

从产业发展战略转型方面看，东阳红木家具产业处于高速增长阶段，产业发展战略的重心在于大批量生产销售成品红木家具以不断扩大规模发展，从而提出"买红木到东阳"的宣传语；而在产业发展环境已经发生剧变、红木家具企业正面对生存危机的挑战境遇下，基于定制家居行业全屋整装的重要启示，市委、市政府引导红木家具产业要从家具走向家居、聚力木雕家居产业创新融合，深度融入整装市场，这意味着产业发展战略的重心从生产销售成品红木家具调整至发展以用户为中心、以整体解决方案为目标、以产品+服务为载体、以科技创新为引领的中式整装，从而将"买红木到东阳"的宣传语升级为"东阳，让中式整装更配美好生活"，可以简明地表达红木家具产业发展战略转型的要点。

从产业发展价值重塑方面看，东阳红木家具产业在高速增长阶段打响了"买红木到东阳"的地域品牌，但其是以"更好的工艺、更优的设计、更多的选择、更高的性价比"为底层逻辑，也就是说因为"东阳红木有更好的工艺、更优的设计、更多的选择、更高的性价比"，所以才有"买红木到东阳"，此时的产业发展遵循"家具（造物）逻辑"，注重成品家具本身所具有的共性价值；而发展中式整装新业态，是在中国式现代化语境下，加快形成新质生产力以推动红木家具产业高质量发展，需要始终以人民为中心，以科技创新为引领，不断满足人民对美好生活的新期待，因而遵循"整装（谋事）逻辑"，注重以"整体解决方案"针对性地解决用户问题，为用户创造特殊价值，于是"东阳，让中式整装更配美好生活"的产业发展宣传语，简要生动地诠释了红木家具产业发展价值的重新定位，推动红木家具企业从成品红木家具制造商向中式整装解决方案提供商转变。

（二）实施东升工程，精准培育中式整装示范企业

中式整装的基本价值追求是以用户为中心、以整体解决方案为目标、以"产品+服务"为载体、以科技创新为引领，只要抓住这个基本价值追求，就能以项目

化的形式对具有不同类别、不同程度产品系统集成的红木家具企业进行精准培育，引导其成为中式整装示范企业，进而发挥示范效应，加快带动整个行业发展中式整装。需要注意的是，以项目化进行精准培育必须要打破既往仅注重结果导向的奖励、优惠、补助的惯性思维，根据企业定位与个性化需求，通过培育计划、规范机制、服务体系、支持政策精准发力，实现过程导向与结果导向并重，既要"输血"更要"造血"。

因此，在培育计划方面，可以由东阳市木雕红木家居产业发展局牵头研究并制定实施"东阳市'中式整装'示范企业十百千精准培育"专项工程（简称"东升工程"），着重围绕产品级、场景级、平台级三个层级精准培育中式整装示范企业，力争用五年时间打造10家平台级企业，100家场景级企业，1000家产品级企业。在规范机制方面，根据中式整装新业态的基本价值追求，结合标准化、信息化、工业化融合发展的原则，制定精准培育的要求与规范，并按照企业自主申报的培育方案，遴选培育对象；展开而言，对于平台级企业的培育要以构建共生共享的中式整装产业链生态为导向，以主导产业链上、下游企业协同发展的产业载体建设为重点，着力打造具有产业链控制力和生态主导力的中式整装头部企业，提升中式整装产业链、供应链的韧性与安全水平；对于场景级企业的培育要以不断满足人民对美好生活的需求与体验为导向，以中式整装典型应用场景设计与交付为重点，着力打造具有中式整装场景整体解决能力与品牌影响力的中式整装骨干企业，提升中式整装产业链、供应链对满足人民对美好生活新期待的价值创造水平。对于产品级企业的培育要以不断优化在中式整装产业链的定位为导向，以研发具有自主产权的新技术、新产品与提供难以替代的技术性服务为重点，打造具有优势特色产品与服务的中式整装单项冠军企业，提升中式整装产业链、供应链的稳定畅通性和创新水平。在服务体系方面，建立"产业专班"和"专家库"双轨制，实施申报培训、方案论证、推进协调、诊断评估、表彰示范、宣传推广、培育退出等培育全过程的服务与管理。在支持政策方面，根据培育对象实施方案制定精准化、个性化的"一企一策"。

（三）构建基础设施体系，筑牢发展中式整装的根基

加快培育红木家具行业中式整装新业态，不仅需要强化责任担当，实现企业精准培育的重点突破；还需要提高历史站位，构建产业基础设施体系的统筹布局。因此，可以从质量、科技、人才、资源四个方面统筹建设红木家具产业基础设施平台，

形成基础设施体系布局，为加快发展中式整装新业态提供强有力支撑。

具体而言，一是建设质量基础设施平台，以国家木雕及红木制品质量检验检测中心（浙江）为牵头单位，加快建设集行业标准、认证认可、检验检测、知识产权、质量管理、品牌培育等为一体的质量基础设施"一站式"服务平台，为红木家具企业从成品红木家具制造商向中式整装解决方案提供商转变，提供"最多跑一次"的质量基础公共服务。二是建设科技基础设施平台，以东阳市家具研究院为牵头单位，加快建设高水平、高能级的公益性专业技术创新平台，并引入具备条件的高校、科研机构和企业共同参与建设新型化材料平台、新型化结构平台、服务性设计平台、智能化制造平台、设计制造一体化云平台等重大科技基础设施，为发展中式整装的基础理论突破和共性关键技术攻关提供科技支撑。三是建设人才培养基础设施平台，以浙江广厦建设职业技术大学为牵头单位，加快组建核心专业群，联合具备条件的企业建设产业学院、企业学院等新型产教融合新平台，为红木家具产业高质量发展提供人才支撑。四是建设资源共享基础设施平台，以东阳市红木家具行业协会为牵头单位，加快建设红木家具产业发展资源融通共享大数据平台，将"政、产、学、研、服、用、金"各类资源进行汇聚、对接与流转，实现资源配置优化与高效运转，为协同建设中式整装产业生态提供支撑。总的来说，也只有不断完善红木家具产业高质量发展的基础设施体系，才能筑牢发展中式整装新业态的根基，服务于产业各参与主体建立长效链接、配合协同、形成发展合力，构建起产业命运共同体，进而推动中式整装发展行稳致远。

第八章

新价值："中国的椅子"创新奖

文化和旅游部等十部门印发《关于推进传统工艺高质量传承发展的通知》（文旅非遗发〔2022〕72号）明确指出，推动传统工艺实现创造性转化、创新性发展，更好服务经济社会发展和人民高品质生活。于是，推动中国传统家具创造性转化、创新性发展成为了中国传统家具现代化的现实选择与实践路径，那么接下来我们需要思考的是如何走好中国传统家具创造性转化、创新性发展这条道路。在第二章论述中，我们梳理出中国传统家具现代化研究的技术、设计、产业、人才四大视角，已对走好中国传统家具创造性转化、创新性发展这条路作出了基本回答，而且前文也从人才、技术、产业视角对中国传统家具现代化的新职业、新基础、新动能、新模式、新业态进行具体探索与研究。因此，本章我们着重从设计视角具体探讨如何走好中国传统家具创造性转化、创新性发展这条道路。

一、设计驱动中国传统家具创造新价值

20世纪20年代世界上第一所真正的现代设计学院——包豪斯的建立，标志着现代设计的开端，自此设计学科作为一门独立的新兴学科伴随着经济社会的快速发展而不断升级进化，其在促进创新中的驱动作用也日益重要。成立于1957年的国际工业设计协会先后五次对设计的概念进行了调整，从调整的逻辑可以发现，从产品形式问题，到产品形象问题、产品开发服务问题，再到产品全生命周期系统问题，最后至产品体验问题，设计无疑不在创造新的价值，以响应日益多样化的社会需求。对于中国传统家具而言，设计是中国传统家具与现代生活之间的一座桥梁，

通过对中国传统家具的设计创新，可以在传承中国传统家具文化精神与核心技艺的基础上，重新激活中国传统家具的生命，并创造出新的价值，融入当代人们的日常生活。

（一）中国传统家具的时尚化设计

随着生活水平的提高，人们对家具产品的需求不再停留在基本的使用功能，也更加注重产品的个性化体验，尤其是在当今这个数字化时代，人们的日常生活已与电脑、手机紧密相连，数字化也赋予了普通大众堪比专业级摄影师、修图师的视觉图像生产和发布能力，低技术门槛、低成本的图像代替传统的印刷文本成为数字化时代的新语言，人们的视觉也被前所未有地调动起来，色彩丰富的视觉冲击与视觉体验抢占了人们的注意力，造就了视觉消费的流行与时尚。然而，典型的中国传统家具一般以深色硬木为基材，给当代人们留下沉闷单调的呆板印象，通过现代设计方法，创造性地将金属、皮革、布艺等多元化材质与中国传统家具原本的木材进行搭配，并结合每年度的流行色，给中国传统家具带来丰富且个性化的视觉呈现，而在这种强烈反差的视觉印象作用下，经过重新设计后的中国传统家具成为时尚的代言，从而满足当代人们时尚化、个性化的消费体验。

（二）中国传统家具的场景化设计

中国传统家具作为传统社会生活方式的产物，总是与传统生活场景相适配。然而，当代人们的生活环境、居住条件与具体活动已然发生重大变化，中国传统家具所具有的坐、倚、躺、支撑、收纳等一般性功能显然不能满足当代生活场景的特定使用需求。于是，通过现代设计方法，创造性根据特定场景的使用需求进行功能优化、功能扩展或功能系统集成，成为中国传统家具走进现代生活的有效方式。具体而言，一个使用场景包含人物、地点、事件三个基本要素，简单来说，就是什么人在什么地方干什么事情，有时需要重点关注三个基本要素的某一要素进行深入研究，实施设计创新，比如为某人定制一个圈椅，往往重点关注是的圈椅功能尺寸与使用对象人机工学尺寸的匹配性设计；有时也需要对三个基本要素进行综合分析，实施设计创新，比如为某人定制书房家具，就需要对使用对象自身的特性、书房的面积与布局、在书房中的主要活动进行综合考虑。总而言之，中国传统家具的场景化设计就是要针对当代生活不同场景中的使用需求去解决特定的使用问题，而非单纯地为了对中国传统家具的创新而进行所谓的创新设计。

（三）中国传统家具的绿色化设计

随着工业化进程的推进与人类中心主义的发展，人类在改造自然、征服自然的过程中，虽然获得了满足自身生存发展的物质基础，但也给生态环境造成了严重的破坏，进而导致整个生态系统结构与功能失调，反过来对人类自身的生存发展造成威胁。为转变这种发展模式，可持续发展观在20世纪80年代应运而生，绿色设计作为一种践行可持续发展观的具体方法，受到普遍认可并广泛应用于各个行业领域。对于中国传统家具而言，虽然在"天人合一"传统思想观的作用下已十分注重"人与自然"整体统一关系，然而当代可持续发展观对中国传统家具融入现代生活提出了更高的要求。因此，应用绿色设计方法，实现中国传统家具适应当代社会的发展要求首要解决的是中国传统家具用材以红木为主，而红木资源又严重短缺的矛盾，于是开发可持续材料代替红木应用于中国传统家具创新设计成为常用手段；另一方面，针对以清式家具为代表的中国传统家具用料厚重且异形构件多的问题，减量化设计、可拆装化设计、模块化设计等手段被用于中国传统家具绿色化设计以减少材料的使用量并提高材料的利用率。

二、设计竞赛式竞争——"中国的椅子"创新奖

正如前文所述，创新设计驱动中国传统家具创造不同的新价值，以满足人们对美好生活的多样化需求，从而成为中国传统家具创造性转化、创新性发展的核心力量，因此多元化的设计方法是我们所希望的，也是实现中国传统家具创造性转化、创新性发展的必然要求。与此同时也要警惕多元化设计方法之间彼此相安无事而缺乏真正的批评，进而导致中国传统家具无法真正地创造性转化、创新性发展的不利局面。

（一）设计竞赛式竞争的重要作用

设计竞赛式竞争对运用设计方法来推进中国传统家具创造性转化、创新性发展主要有两方面的重要作用。一是从锚定总体方向来看，竞赛式竞争不是生存竞争，因此多元化的设计方法在设计竞赛式竞争中并非为了相互取代，而是为了充分展示

自我，发挥各自对中国传统家具新价值最大限度的发现与实现能力，并在彼此观照中反思自身存在的不足，从而达到相互促进的目的，二是从具体实践操作来看，无论是地方发展中国传统家具现代化的产业还是企业开展中国传统家具创新设计的业务，要想通过设计方法不断创造新价值，就需要在设计资源或设计能力方面具备竞争优势，而设计竞赛式竞争恰是培育此方面竞争优势的有效选择。具体而言，如自身已具备一定的设计创新能力，就可以积极主动地参与设计竞赛式竞争，发现自身的不足并学习竞争对手的长处与优势，从而不断提升自身的设计创新能力，如自身不具备设计能力，那就可以提供设计竞赛式竞争的平台，吸引各地设计力量同台竞赛，进而不断转化成为发展自身的设计资源。

（二）"中国的椅子"创新奖的发起

中国林业产业联合会、东阳市人民政府于2019年联合发起了"中国的椅子"创新奖评选活动，搭建了一个面向全国设计力量的公益性设计竞赛式竞争平台。之所以选择椅子来发起此项活动，原因有四，第一，椅子是当前人们生产、生活中使用范围最广，使用时间跨度最大，使用频率最高，与人体接触最为密切的一类家具；第二，虽然椅子满足人们因坐而能倚的使用需求，但在不同时代、不同地域、不同使用场景，不同使用时间，人们对于坐的行为方式与使用要求大不相同，这也造就了椅子类家具形制与功能的变化多样；第三，纵览古今中外，几乎所有家具新材料、新结构、新技术、新工艺的发明应用都会率先在椅子这类家具上发展成熟甚至发挥得淋漓尽致后，继而扩大范围推广到其他类型的家具；第四，虽然椅子的造型形式看起来简单，但实际上是最难设计的一类家具，无论是国外还是国内，无论是古代还是当今，无论是企业还是设计师个人，都热衷于设计椅子这类家具，并致力于将高水平的椅子作为家具设计与制造能力达到高峰的标识。由此可以看出家具领域多元化设计方法在椅子这类家具上的应用体现最为广泛，也最为活跃，用以"中国的椅子"创新奖（LOGO见图9）来加以引导，可以建立多元化设计方法之间的竞赛

图9 "中国的椅子"创新奖LOGO

式竞争关系,以期实现通过设计真正走好中国传统家具创造性转化、创新性发展这条路。

(三)"中国的椅子"创新奖的实践价值

由中国林业产业联合会与东阳市人民政府联合主办,红木家具产业国家创新联盟、东阳市家具研究院等单位联合承办的"中国的椅子"创新奖,目前已成功举办三届,发挥出了重要的实践价值。其一,在搭建平台维度上,"中国的椅子"创新奖为全国各地在中国传统家具现代化探索过程中所取得的创新成果提供了展示平台,集中呈现出全国各地设计力量对满足当代人们使用需求、传承创新中华优秀传统文化、关注生态环保等时代问题以及家具未来发展趋势的最新思考,进而在这个设计竞赛式的竞争中相互学习、相互促进;同时"中国的椅子"创新奖对于东阳发展红木家具产业而言,是一个可以聚集全国各地优秀设计资源进入东阳并促进合作转化的平台,通过不断培育红木家具产业的设计资源优势,进而转化为红木家具产业的发展优势。其二,在产品设计维度上,多元化的设计所创造的不同价值,最终都需要以家具产品为实现载体,参与"中国的椅子"创新奖同台竞争的创新作品以椅子类家具为载体,充分展现了通过多元化的设计方法弘扬中国传统优秀文化并融入当代人们日常生活的各种现实可能性,同时为其他类型的中国传统家具创造性转化、创新性发展提供了有益参考。其三,在评选主题维度上,目前已举办的三届"中国的椅子"创新奖分别以"匠心·东阳""聚艺·东阳""品质·东阳"为主题,见证了东阳发展红木家具产业的创新实践以匠心、聚艺、品质为价值追求,而匠心意味着传承中国传统家具核心技艺与弘扬中国传统家具文化精神,代表着中国传统家具现代化的守正面向,聚艺则意味着开放包容,汇聚优秀的人才力量,吸纳先进的思想理论与技术成果来推动红木家具产业高质量发展,代表着中国传统家具现代化的创新面向,而品质意味着"守正创新"最终依靠满足人民日益增长的美好生活需要的高品质家具产品与服务来呈现,这既是目标,又是手段,同时也是标准;更为重要的是,东阳红木家具产业的创新实践以匠心、聚艺、品质为价值追求勾勒出了引领产业可持续发展的"源于匠心、达于聚艺、归于品质"基本价值观,同时也构建出东阳推动红木家具产业高质量发展的创新实践主线,而且这种价值观与方法论特征,对我们进一步认识与实践中国传统家具现代化也具有特别的启示意义,也就是说,"源于匠心、达于聚艺、归于品质"可以作为当前推动中国传统家具创造性转化、创新性发展,实现中国传统家具现代化的基本价值追求与方法论遵循。

三、"中国的椅子"创新奖获奖作品鉴赏

"中国的椅子"创新奖已成功举办三届,第一届评选出一等奖1项、二等级3项、三等奖7项;第二届按照概念类与产品类两个类别分别评选出一等奖1项、二等奖3项、三等奖5项;第三届按照概念类与产品类两个类别分别评选出一等奖1项、二等奖3项、三等奖5项,三届共47项获奖作品。这些获奖作品在材料、色彩、装饰、造型、功能、结构、工艺等方面的创新探索可以提供有益的认知引导、参考方法与借鉴案例。

(一)第一届获奖作品鉴赏

一等奖 | 上汐·椅

作品完成人:吴腾飞 吴奕玎
(浙江上汐家居有限责任公司)

选用染料紫檀,以中国古代榫卯工艺制作而成,汲取中国手作工艺精髓,并融入西方当代设计艺术理念,突破传统家具的刻板印象,古今相合、去繁就简,在形制上采用几何线条,当代感十足。

设计符合人体结构曲线,美观实用。白色舒软榻面与酸枝红靠背相得益彰,营造一种闲适的人文意境。

二等奖 | 秦时明月

作品完成人：张向荣　张宏军
（东阳市明堂红木家俱有限公司）

名字取意经典诗词《出塞》，臻选名贵的东非黑黄檀，以精巧的榫卯工艺细致打磨，使千年红木散发出超然的中式风潮。选取原木最优材，木料经蒸汽烘干后再次平衡处理，以保证材质的稳定性。严谨的传统榫卯结构工艺设计，连结处严丝合缝，表面全环保水性漆涂饰，经久耐用，历久弥新。

二等奖 | 和平圈椅

作品完成人：李晓东　历威龙
（东阳市旭东工艺品有限公司）

该椅在保留传统圈椅器型的同时，合理调整座面高度及整体比例。经典的月牙扶手设计，线条流畅，自带舒适包裹感，易于缓解身体疲劳。前大后小的座面设计，久坐不累。座面具有前高后低的倾斜度，可以让人放松后仰，带来沙发般舒适的安坐体验。联帮棍与后腿合一，辅以S型曲线实心黄铜棒。中华榫卯结构设计，组装不用一颗钉、一滴胶，稳固环保。

| 二等奖 | 明式寿字纹圈椅 |

作品完成人：张 梵
（北京萦香社文化发展有限公司）

  明式寿字纹圈椅是以经典明式家具中的圈椅为模板来设计制作的，以中国传统文化为设计核心，体现"天圆地方"的中国古代朴素哲学理念。

  材料上，取天然木材，体现人与自然的和谐共存；工艺上，采用纯榫卯工艺制作，体现经典中式家具的匠人态度；韵味上，以简约、流畅的线条，禅意的留白展现独特的中式美学和人文意蕴。

| 三等奖 | 明式四出头官帽椅 |

作品完成人：严一春
（东阳市古艺轩红木家具厂）

  此椅器型为典型的明式风格，椅盘与地面距离较一般椅低，鹅脖与前腿足非一木连做，后退安装。

  明式四出头官帽椅，结构简练，线条曲直相间，方中带圆，充分体现了明式家具简洁明快的特点。

三等奖 ｜ 得闲椅

作品完成人：粟颜妹　张权臻　陈振益
（五邑大学、深圳铜视界艺术创作有限公司）

  造型取自中国传统扶手椅，通过去装饰化的手法，保留了经典椅子的气韵精髓，扶手靠背线条简洁流畅，底座敦厚雍容，紫铜色和深黑色交相辉映，形成家具古典和现代的轻奢美。

三等奖 ｜ 寒梅素秀扶手椅

作品完成人：马姣姣
（御乾堂宫廷红木家具有限公司）

  此椅脑为灯挂型，后柱后仰，扶手前翘，椅盘下用罗锅枨加矮老，正侧面各两根，后面则为牙条，脚枨一个比一个高，意"步步高"。

  以八大山人《墨梅图》为雕刻图案，以传统鎏金工艺进行装饰，器型、材质、工艺融为一体，体现风骨俊傲，坚强高雅之气质。

三等奖 ｜ 榉木唐式交椅

作品完成人：万少君　万　立
周孝金　曹增满
（义乌市万少君工艺美术品设计工作室）

　　榉木唐式交椅以榉木为原材料，座面使用皮革，主要参考唐代椅子风格设计创作而成，榫卯连接处采用铜雕镀金件，使得交椅更加坚固。

　　采用传统髹漆，结合现代美学，设计制作时尽可能保留原材料的形状和纹理，手法既有继承，也有创新。皮革和镀金铜件的使用增添了椅子的舒适度和华丽感。

三等奖 ｜ 醉君歌休闲椅

作品完成人：姜文彬　马远虎
（江苏紫翔龙红木家具有限公司、深圳市致远家居设计有限公司）

　　将享誉海内外的传统圈椅和西方软体家具常用的拉扣软包相结合，传统与现代融合，舒适的坐感和时尚的配色满足现代人的审美取向。

三等奖 ｜ 天圆地方椅

作品完成人：杜长江

（浙江卓木王红木家俱有限公司）

产品设计上，曲线与直线相结合，外方内圆，表达了中国传统文化"天圆地方"的哲学理念。

椅背运用"东式影雕"工艺，将传统绘画的传神笔触和摄影的光影之美以精湛的木雕技法展现。椅面采用万字纹藤面编织工艺，框架上弧线条的运用，既是形制上的创新，又增添了产品的舒适度。选用材质坚硬滑润，包浆美丽的紫光檀珍材，线条简约、外形流畅、触感光滑似玉，在制作工艺上，达到了高超的无缝安装。

三等奖 ｜ 月椅

作品完成人：徐 乐

（浙江工业大学之江学院）

月椅针对年轻时尚人群生活特点设计，该椅由实木材料制作而成，简约时尚，巧用榫卯，富有极强的视觉冲击力。

月椅将形式美与结构美高度融合，结构上巧用榫卯连接和燕尾榫锁扣，无需任何五金连接件，徒手便能实现拆装。扁平化的设计，可以大大降低运输成本，适应互联网销售新业态。

（二）第二届概念类获奖作品鉴赏

一等奖 ｜ 笑椅

作品完成人：徐　乐
（杭州大巧创意设计有限公司）

　　椅子的搭脑弧度犹如微微上扬的嘴角，故名"笑椅"。笑椅扶手与前腿、后腿在视觉上犹如一根木头被劈开后生长而成，体现了万物生长的概念。扶手和靠背的细腻线条如丝绸一般，轻盈柔顺、饱满精致，又极具张力，并营造出特殊的阴翳效果。

　　笑椅在工艺上采用先进的冷压曲木技术，用最少的材料来实现实木的高贵素材感，也充分运用了木材本身的韧性。严苛细致的制作工艺，传递匠心温暖，让拥有者产生爱物之心。

二等奖 ｜ 灵汐椅

作品完成人：吴腾飞
（浙江上汐家居有限责任公司）

　　此件作品形似雕塑，360°呈现不同观感，一气呵成的罗带形线条，环绕圆柱形体块，组合成一个兼顾独特造型与舒适功能的座椅。

　　书法般肆意挥洒的灵动笔触将座面、靠背、扶手形成互相咬合的动态生命体，用更具未来感的设计理念，去挑战极不规则的家具艺术造型，让线、面、空间完美组合，在满足基本功能的同时，突破家具的固有形态和传统概念。弹性的曲度和流动的线条，再加上完美的平衡感，细节的构思最终演绎出独特的设计，将艺术感造型与极简主义美学理念共治一炉。极具承托力的人性化设计，舒适的皮面座主体软硬适中，让刚柔并济的异形材质有机结合在一起，打造出层次丰富的坐感。异形的设计带来了工艺上的极大挑战，回归最原始的方式，将内部骨架单独加工再拼合，整个过程需要对工艺有精准的把握和运用。这件作品拓展了线条艺术和家具设计之间无限接近的可能性，雄浑舒展、娟秀飘逸，诗意且丰满。

二等奖　｜　燕·椅

作品完成人：陈梓泉
（华南农业大学）

在美学的角度上融入了明式家具美学的"精、简、厚、雅"，外形柔美持重，一抹"晶尖玉红"的点缀，实现中式韵味质的提升。飘逸轻快的曲线造型与颜色搭配蕴含着燕子形态美学与中国传统美学的审美趣味，整体色彩形似燕子羽毛黑白相间，后腿造型形似剪刀尾巴，灵活地提取了燕子头部的一点红，意作现代中式的美感点缀，质朴的外表使人体会到优美的线条所带来的自然舒心感。

二等奖 | 浪鲸

作品完成人：邱林国
（浙江卓木王红木家俱有限公司）

设计灵感取自鲸鱼，通过现代设计手法将鲸的动态韵律表现在椅子的线条设计中。椅子通体流畅、线条简洁、曲折婉转。优质皮革覆面与红木主体框架相辅相成，浑然一体，完美体现舒适性。浪鲸椅通过造型传递放松愉悦的情绪，使落座者的心情平静如大海，带来舒适的休憩时光。

三等奖 | 无际禅椅

作品完成人：陆　地
（独立设计师）

设计灵感来自动物形态，整体形状类似于一个牢牢抓住地面的爪子。椅子的整体框架由黑胡桃木制成，椅腿、搭脑和扶手构成一个蜿蜒的开放轮廓，两个末端向外伸出，纤细的靠背似乎漂浮在空中，使椅子的形状生动灵活。

三等奖 ｜ 抚云茶椅

作品完成人：田文雯　李天刚
周伦川　江富财　赖华标　周婷婷
（深圳市狼行者家具设计有限公司）

该款茶椅以圈椅为原型，简化线条，强调层次，使其有了疏密张弛的节奏感。微弧的造型，使视觉与触觉都更为柔和流畅，整体更增添了椅子本身的稳固性。每根线条精雕细琢，准确到位，气度不凡。

三等奖 ｜ 粼行摇椅

作品完成人：泮依婷　施金祥　崔玥明
（杭州狼行者家居设计有限公司）

在卧室中放置一把摇椅，提升整个空间的灵动感。不同于市面上的其他摇椅，该摇椅更具包裹感，设计也更为时尚，意在用东方文化结合世界眼光缔造当代家居，整体散发着东方思维与国际潮流气息，打造出属于当代中国人的极致美学家居。摇椅设计表现出东西兼和的艺术美感、内外兼修的功能体验及多材混搭的价值构成。

三等奖 | 蓄雅圈椅

作品完成人：汤漠散　曹梦婕
（浙江理工大学、浙江中信红木家具有限公司）

蓄雅圈椅轻盈干练，简化了传统圈椅的部分结构，各部件间的衔接更为流畅。椅面和近腰部分做了皮质软垫，表面的压花工艺丰富了头层牛皮的凹凸感和皮质感。两侧的联帮棍和靠背的栅格线条张弛有度，静中蓄动。此椅整体含蓄温雅，散发着不拘的灵气，置于客厅茶室皆宜。

三等奖 | 万象

作品完成人：刘　明
（恒达木业有限公司）

圈椅拥有悠久的历史，其极简的线条设计以及蕴含的中式韵味在当代依旧具有独特风采。此椅在圈椅的基础上，以流动的曲线，自然形态的榫卯进行连接，保留中式韵味的同时符合现代生活审美需求，也是中式家具在现代生活中的映像。

(三)第二届产品类获奖作品鉴赏

一等奖 | 云汐椅

作品完成人:吴腾飞
(浙江上汐家居有限责任公司)

"云之上,海之汐",云海之上,饱含着当代中国家具设计的理想,是超越外在和时间的美;云海之汐,饱含着求变求新的设计实践理念,是线面交界的精巧韵律。

精确计算的三维弧面靠背,实现对人体腰部、背部舒适而有力的支撑。木质部分线条流畅,刚柔并济,与皮质饱满曲线相配合,优雅合度。整体造型饱满圆润,平衡了庄重的仪式感与现代座椅的舒适性。传统手工楔钉榫工艺与现代力学结构相得益彰,椅背的灵动勾边,利用最简约、最讨巧、也是最直爽的方式,利用高度凝练的线条切割,形成镂空的截面,线条交界处配以温暖的弧度化解过度硬朗的质感,像是一位低调沉稳的绅士。

跳出常规的设计框架,将椅座部分设计为一个敦厚的皮质柱形,时尚的墨绿色搭配轻奢的爱马仕橙,集混搭、趣味、舒适度于一体,将人们对椅子的遐想诠释得淋漓尽致,有形的形态与无尽的创作想象力之间相互着力,展现了设计力求在精准与梦幻之间的平衡。

二等奖 | 富贵同春

作品完成人：蒋宝良
（东阳市吴宁弘宝堂木雕加工厂）

三屏式座围，打洼束腰，鼓腿膨牙内翻马蹄，下承托泥。靠背板心雕春水海崖。后背正面及两侧扶手内外均为上栅格，下缘环板样式。此宝座雕刻形象逼真，表现出富丽堂皇的艺术效果。

二等奖 | 明式檀香紫檀南官帽椅

作品完成人：杨翼然　高嵘
（上海明素简家居有限公司）

全身光素，线条饱满浑厚，挖度适中，符合上小下大的视觉感。搭脑线条的起伏和粗细变化恰到好处，混面的座面体现出内敛的气质，洼膛肚券口的牙板有意做窄，以增加下盘的负空间，让椅面浮起，增加整体的空灵感。牙板肩部到底部线条并非一条直线，而有轻微、低调的弧度变化，使线条更含蓄。

二等奖　｜　阔境交椅

作品完成人：张向荣

（东阳市明堂红木家俱有限公司）

中国古典坐具体现的是一种庄重与典雅，蕴含着人们坐时的礼仪，交椅是其中较少见但极显赫的一种，常陈设在厅堂中以彰显地位，有凌驾四座之势，俗语有"头把交椅"之说，说明其尊贵和崇高。这把交椅在演绎经典的同时去繁从简，将中国文化演变成一种生活方式、一种美学方式，并在当代语境下重新诠释。去除了传统交椅的结构类装饰，增加两条"鹅头根"，亭亭玉立、典雅大气；"月牙扶手"两端两个金属装饰件的运用，透射出清灵之气；皮座面则适应现代人对生活品质及审美意趣的需求；脚踏处增加金属垫片，避免对高档材料的磨损。椅子线条纤巧活泼，但又不失稳重，以期达到中国文化的继承与创新设计的高度融合。

三等奖　｜　明式赞比亚紫檀仿藤扶手连鹅脖圈椅

作品完成人：杨翼然　高　嵘

（上海明素简家居有限公司）

将传统圈椅下盘的罗锅帐加矮老结构改制成仿藤牙板，视觉上更简洁，并呼应扶手与鹅脖的弯曲线条。座面将传统圈椅的冰盘沿改制成混面，线条浑厚而素雅，能使上下气息更连贯，极具文人雅致。扶手与鹅脖连接处转折自然、线条顺畅，能经受不同角度的观赏。仿藤牙板的线条圆润流畅，富有韧性，呼应"仿藤"的主题。

三等奖 | 悦神休闲椅

作品完成人：杜长江　杜承三
（浙江卓木王红木家俱有限公司）

悦神：五行载"寿"。悦神休闲椅的雕花和沙发曲线是经文的文字和符号的结合，代表长寿安康。人寿、物寿、道寿并称三寿，赞美人长寿，物久存，道永恒。"寿"字最初作为象形文字，仅以记录的作用存在，但在许多应用场合，由于汉字具有很高的装饰性、象征性、图形文化特点，而成为一种艺术。悦神休闲椅通过五行表达出"寿"字的意境，把它刻画进生活中，让家灵活仙动起来。

三等奖 | 宋意躺椅

作品完成人：肖锋刚　赵来振
（中南林业科技大学、湖北红福堂家具制造有限公司）

以中国建筑"梁柱式"构造方法为产品框架，结合传统榫卯工艺，意在打造一件符合慢生活方式的产品。

风格造型以平直的线条为特点，刚劲有力，结构协调，在现代极简的线条中体现出宋明家具朴素严谨的梁架结构之美和端庄舒展之意。主材选用硬木材料，座面配以双层马鞍皮，两种软硬质感的材料搭配和曲直线条形成对比，使产品再次形成视觉和触觉上的强烈对比，也使器型美和舒适感完美结合。

三等奖 | 安澜椅

作品完成人：徐超霖

（东阳市荣轩工艺品有限公司、杭州市上城区荣鼎轩家具设计工作室）

源于传统禅椅灵感，其座面宽大，适合盘腿打坐，放松身心，给人一种淡泊洒脱、超然物外之感。其椅背和扶手，除供人凭倚外，另有界定之意，即将盘坐椅上之人与外界界定开来，营造出"无矩，而不逾矩"的特殊意境。以紫光檀材质制作的安澜椅，外型并不刻意追求道劲古拙，重在从用材本身承继古人法脉。椅面与靠背由精心打磨的小块紫光檀料无缝拼接而成，色彩斑斓，光彩照人，点亮了整体宽、大、素、直的朴实造型，使其不因过分的素简而流于寻常。

三等奖 | 南山椅

作品完成人：徐皓剑　王伟军　金克涛

（浙江豪族工贸有限公司）

设计上，椅背采用菱形格镂空设计，线条温润流畅，形似篱笆，具象营造出"采菊东篱下，悠然见南山"的意境；菱格纹的现代语义经CHANEL等著名时尚品牌演绎，具有庄静经典、风格永恒的特点。

功能上，面板弧度自然凹陷，保证坐感舒适。椅盘下以十字帐对腿部形成有力支撑，铜脚耐磨防腐且美观。造型小巧精致，轻便易携，适用于茶室或阳台等休闲区。

（四）第三届概念类获奖作品鉴赏

一等奖 ｜ 吾悦休闲椅

作品完成人：梁树晓
（深圳至上家具设计有限公司）
马姣姣
（东阳市御乾堂宫廷红木家具有限公司）

用现代人的审美需求和去繁从简的设计手法，提取明式家具的圈椅造型，用现代榫卯工艺、皮革、布艺巧妙组合，给人一种舒适、柔美、明雅、简约而不简单的生活感受与体验。

二等奖 ｜ 君椅

作品完成人：黄靖镛　南　博　李汶琪
李治儒
（五邑大学）

设计灵感首先来自中国传统的圈椅，其次是中国的服饰文化。坐具以及衣冠是能够体现社会礼仪规范的两个重要方面。椅子功能背后有其精神隐喻，选择一把椅子，无论是刻意还是随意，代表着选择了某种生活方式或价值观念，也影射了过往的经历，走过的路，看过的书。

二等奖 | 新中式舒适椅402款

作品完成人：苏 垣
（中央民族大学）

新中式舒适椅402款对明式官帽椅进行人性化的重新设计，关键是提高安全性、健康性、舒适性。靠背采用人体工程学的110°倾角，保持稍后仰的健康坐姿，可明显感受靠背贴合人体腰背生理曲线，腰部背部都有舒适的支撑感和包裹感，腰椎放松省力。扶手对双臂有合适并舒适的支撑，老年人撑扶手可缓解"人老腿先老"困境，腿足设计提高稳定性安全感，座面加软垫更舒适。

二等奖 | 瓣藤椅

作品完成人：黄章套 罗佳仪 朱明欣
李治儒 何锦豪
（五邑大学）
包海深
（东阳市雅典家具有限公司）

瓣藤椅的灵感来自花瓣，椅子线条弯曲自然、轻盈、流畅，坐上去给人舒适的包裹感，仿佛带人进入远离喧嚣与世俗浮华的意境。柔润的实木造型配合藤编的块面感，犹如花瓣的优雅形态，让人在坐下的瞬间，便能感受到宁静与自然的融合。实木的温润与藤编的细腻，共同勾勒出椅子的和谐美感，为家居空间增添温馨与雅致感。

三等奖 | 清幽

作品完成人：颜朝辉
（莆田学院）

该作品在吸取明式家具美学风格的基础上，结合现代设计手法进行创作。造型简洁化、功能现代化、装饰质朴化，在结构以及细节上进行精细化设计，使其符合现代人的审美以及使用需求。

三等奖 | 晓圆

作品完成人：罗佳仪　黄章套　朱明欣
李治儒　何锦豪
（五邑大学）
陆飞跃
（东阳市陆鑫堂红木家具厂）

这把椅子以其独特的设计语言展现了现代与自然的和谐交融，椅背的竖直线条仿佛是晨光中透过树叶的光线，既提供了良好的支撑，又增添了一份艺术感。木材的温润质感与椅背的精致工艺相映成趣，营造出一种宁静而高雅的氛围。坐在"晓圆"上，仿佛置身于清晨的宁静之中，让人在忙碌的生活中找到一丝宁静与舒适。

三等奖 | 蒲团鼓凳

作品完成人：彭　颖
（南京艺术学院）
李忠信
（浙江中信红木家具有限公司）

　　该灵感来源于传统鼓凳和蒲团，意在将二者结合，改变形态，推陈出新。茶几四面有四个圆形镂空，可以将蒲团放置并卡住，使用时拿下，不使用时放回，呈一个整体茶几造型。鼓凳附加茶几功能，可以坐，也可以作为茶几，镂空内部也可放置茶叶、书籍、杂物等。蒲团使用中弹性编织材料，方便拿取和卡住，充分利用空间，使中小户型家庭也可以拥有轻松的茶室生活。

三等奖 | 洄泛·圈椅

作品完成人：邱玉涛
（独立设计师）
马姣姣
（东阳市御乾堂宫廷红木家具有限公司）

　　洄泛，本意是水流冲击形成漩涡，这里衍生到传统圈椅表达寄情山水之间的隐士情怀。去掉传统圈椅中的靠背板，后腿之间连接形成新的圈形，一是支撑，二是加大背后倚靠面积，增加舒适性。坐面采用传统的藤面处理，八边形坐面取消大边和抹头结构，改为双指甲圆望板、围边，造型与整体圆润统一。

三等奖 | 墨曲

作品完成人：袁田惠
袁青青　叶勇军
（江门职业技术学院）
包海深
（东阳市雅典家具有限公司）

该椅子设计灵感来源于传统南官帽椅造型，结合竹编工艺，整体造型简洁优雅，端正而不失流畅，极富中式韵味，经传统榫卯工艺打造，实现传统与现代的融合。

（五）第三届产品类获奖作品鉴赏

一等奖 | "舒"椅

作品完成人：马宁录
（东阳市唐顿家居有限公司）

为茶空间打造舒适休闲的氛围，该椅久坐不累，便于长时间交谈。传统榫卯结构，现代工艺演绎，时尚潮流的坐面和靠背，一体化的设计和靠包结合，便于处理成不同色彩以满足个性化需求。

二等奖 | 交椅

作品完成人：张 梵

（座有坐相（东阳）家具有限公司）

设计灵感源自陈梦家先生收藏的同名交椅，原版为明式交椅的经典样式，堪称明式交椅的范本。此张交椅在设计上，延续原版的经典风格，上部以浑圆、流畅的椅圈彰显大气、端庄，下设C型靠背板，背板上浮雕经典螭纹，独具匠心；椅圈与大弯两侧镶嵌高镍铜件，以传统蚀刻工艺，雕琢缠枝莲花卉纹饰；下部四腿两两相交，线条更为硬朗、明断，底部以托子连接，前腿部安装踏床，呈现一种精巧与对称的美感。

上圆下方两种风格，精妙且和谐地组合到一起，于是一张椅子，从正面和侧面看，呈现出两种完全不同的风格：正面给人以端正稳定之感，侧面则显得灵秀，棱角分明，如同小楷般工整，典雅。全椅以木材制作，丝绒软屉，局部以錾刻精致的金属配件连接，古典中带有精巧，大气中不乏细腻。

二等奖 | 海黄听松禅椅

作品完成人：高 嵘 杨翼然

（上海明素简家居有限公司）

禅椅继承传统形韵，并作创新改良，座面加大并改成矩形，适应当代人身型，坐感舒适，适合盘腿打坐，矩形的座面，在稳妥中体现生动变化。

下盘采用高罗锅长结构与上盘呼应，提升整体的空灵气质，并具备现代感。

改良榫卯结构和线条。扶手交界处用挖烟袋锅榫，结构与视觉更稳固、饱满。椅子的线条追求敦厚的书法美，尤其是转折处，参考书法的用笔，自然连贯、稳重饱满。

二等奖 ｜ 合璧椅

作品完成人：张　梵

（座有坐相（东阳）家具有限公司）

此椅搭脑舒展后弓，与极具古典韵味的"五棂"靠背结合，带来舒适的后靠支撑。直棂靠背创造性地与直根相连，而非直连椅面，如此勾勒出灵动、巧妙的空间与线条。扶手宽大优雅，以烟袋锅榫连接前腿，纵接后腿上端，椅面采用革屉，下安罗锅根横连四面，革、木材质的融合呼应此椅中西合璧的设计风格，呈现东西方文化的大同之美。

三等奖 ｜ 潮椅

作品完成人：张玉展

（江苏客邦家具有限公司、五邑大学）

此椅将时尚流行的国潮文化与传统椅子相结合，搭配多种材料，将演绎精湛的传统工艺和时尚的视知觉体验相结合。

三等奖 | **金瑜椅**

作品完成人：叶勇军
（江门职业技术学院）

该椅子设计灵感来源于传统建筑窗棂元素，整体造型简洁优雅，极富中式韵味，材料采用竹集成材，复古与时尚兼具，是传统与现代完美融合演绎出的一把精致的新中式椅。

三等奖 | **圆**

作品完成人：梁嘉臻
（五邑大学）

"圆"是中华文化的精神原型，代表着包容、和谐、中庸。宽大的座面，可正坐，侧坐，甚至盘坐。流畅优雅的圈靠，似女子飘逸的长发，又如母亲温暖的臂膀。

三等奖 | 时光圈椅

作品完成人：徐皓剑

（浙江豪族工贸有限公司）

此作品名称释义为"时光代表陪伴"，寓意家具与主人的陪伴时光。外观上保留了圈椅的古朴典雅之美，天圆地方是圈椅的设计来源，以圆为主旋律，圆是和谐，方是稳健。背板根据脊椎弧度设定，给予背部良好的支撑，可以恰如其分地承托坐者的腰部，使人身体中的气流向上；爱马仕橙色高级超纤皮软包坐垫，点缀整个空间，满足消费者对家具实用与颜值的双重要求。

三等奖 | 玲珑餐椅

作品完成人：徐皓剑

（浙江豪族工贸有限公司）

此椅精致时尚，让中式更加国际化，椭圆状叶形靠背充满自然美感；科学弧度设计，承靠人体背部曲线，靠感更加舒适；座面弧度设计，贴合臀腿部位，久坐不累。

椅腿上粗下细，线条流畅，更为增添建筑感，立体而生动。爱马仕橙与皮质金属结合，精致而时尚，让中式更加国际化。靠背黄铜开模仿竹节造型，寓意节节高升。椅腿采用黄铜包脚设计，防腐防潮耐磨。

参考文献

[1] 张福昌. 中华民族传统家具大典·综合卷[M]. 北京：清华大学出版社，2016：3.

[2] 全国家具标准化技术委员会. 中国传统家具名词术语：GB/T 37646-2019[S]. 北京：中国标准出版社，2019.

[3] 陈增弼. 传薪：中国古代家具研究[M]. 北京：故宫出版社，2018：5.

[4] 方海，景楠. 艺术与家具[M]. 北京：中国电力出版，2018：46.

[5] 许美琪. 中国传统家具的文化基因[J]. 家具与室内装饰，2016（10）：11–13.

[6] 许美琪. 中国传统家具的体系[J]. 家具与室内装饰，2016（11）：9–11.

[7] 刘文金. 对中国传统家具现代化研究的思考[J]. 郑州轻工业学院学报（社会科学版），2002（3）：61–65.

[8] 邵晓峰. 中国传统家具和绘画的关系研究[D]. 南京林业大学，2006.

[9] 戴向东. 中国传统家具艺术在当代的振兴思辨（上）[J]. 家具与室内装饰，2015（3）：20–21.

[10] 薛坤. 传统家具榫卯结构研究[M]. 北京：中国林业出版社，2018：7.

[11] 冯雨. 中国传统家具文化的十个特征[J]. 家具与室内装饰，2020（5）：32–33.

[12] 周雪冰，苏艳炜，徐俊华，强明礼. 中国古代传统家具的演进特征研究[J]. 包装工程，2021，42（14）：201-205，218.

[13] 刘跃进. 文化就是社会化——广义"文化"概念的逻辑批判[J]. 北方论丛，1999（3）：57–65.

[14] 王世襄. 明式家具研究[M]. 北京：生活·读书·新知三联书店，2016：6.

[15] 傅衣凌. 中国传统社会：多元的结构[J]. 中国社会经济史研究，1988（3）：1–7.

[16] 汤一介. 论中国传统哲学中的真、善、美问题[J]. 中国社会科学，1984（4）：

73–83.

[17] 杨增崇, 修政. 中国式现代化的中华优秀传统文化根脉论要[J]. 北京航空航天大学学报（社会科学版）, 2024, 37（01）: 8-16.

[18] 吕九芳, 徐永吉. 中国古典家具保护和修复指导原则的探讨[J]. 家具, 2005（5）: 18–21.

[19] 吕九芳, 徐永吉. 中国古典文物家具保护和修复的涵义[J]. 家具与室内装饰, 2005（10）: 26–29.

[20] 杨丹丹, 李晓飞. 基于3D虚拟的破损传统家具修补仿真分析[J]. 计算机仿真, 2020, 37（4）: 419–423.

[21] 张荣强, 王洁婷, 石贵岭. 中国古典家具逆向工程建模方法解析[J]. 机械设计, 2013, 30（2）: 108–111.

[22] 杨慧全, 李军. 明式家具数据库系统研究[J]. 家具与室内装饰, 2009（7）: 18–19.

[23] 许姗姗. 明式家具构法与数字化保护研究[D]. 北京建筑大学, 2015.

[24] 张蕾, 朱礼智. 明式家具信息管理系统的设计[J]. 林业机械与木工设备, 2008, 36（12）: 32–33.

[25] 顾珈静, 刘春, 周骁腾, 汤焱. 基于视觉的明清古家具数字文化档案高精度三维重建[J]. 文物保护与考古科学, 2022, 34（2）: 22–30.

[26] 张艳君. 浅论传统木质家具的保存与修复——以东莞可园博物馆馆藏清代家具为例[J]. 办公室业务, 2017（9）: 32–34.

[27] 高峰, 春英, 阿勇嘎. 浅谈蒙古族传统家具的抢救、保护与传承[J]. 林产工业, 2015, 42（5）: 48–50.

[28] 张雅笛. 明式家具制作技艺文化空间保护研究[D]. 华中师范大学, 2019.

[29] 吴海波, 陆莹, 卢宗业, 刘倍存. 基于传统工艺传承创新的少数民族地区家具艺术设计专业人才培养研究与实践[J]. 家具与室内装饰, 2019（5）: 127–128.

[30] 马婷婷, 张欣宏. 蒙古族传统家具制作技艺传承中青少年兴趣培养方式研究[J]. 家具与室内装饰, 2019（2）: 34–35.

[31] 王晓煜. 明式家具交互展示系统设计研究[D]. 苏州科技大学, 2022.

[32] 陈枫. 用户体验视角下明式家具展示APP设计研究[D]. 江南大学, 2021.

[33] 张欣. 明式家具在现代生活中的解读[J]. 家具与室内装饰, 2008(8): 20–21.

[34] 姚令华. 明式家具在现代茶馆设计中的应用[J]. 福建茶叶, 2017, 39(3): 71–72.

[35] 周橙旻, 张福昌. 中国传统家具与现代家居环境[J]. 家具与室内装饰, 2003(1): 12–15.

[36] 李亚, 陈于书. 红木家具在现代生活空间中的应用研究[J]. 家具与室内装饰, 2012(12): 64–67.

[37] 周雪冰, 董世丽. 中国传统家具榫卯结构优化设计原则的探讨[J]. 家具与室内装饰, 2019(11): 63–65.

[38] 陈新义, 刘文金, 郝晓峰, 孙德林, 杨元. 传统柜类家具柜门结构设计与生产实践[J]. 林产工业, 2016, 43(8): 50–52.

[39] 刘燕妮. 试论明式家具的设计理念在现代家具设计中的延续[J]. 南京艺术学院学报(美术与设计版), 2009(6): 137–138.

[40] 梁梦娇, 刘岩松, 耿晓杰. 中国传统榫卯结构在现代家具中的创新应用研究[J]. 家具与室内装饰, 2021(11): 14–17.

[41] 王文瑜. 明式家具"适"对现代家具设计的启示[J]. 包装工程, 2016, 37(24): 141–145.

[42] 王栋, 张小开, 孙媛媛. 传统竹家具意象转译与设计实践研究[J]. 家具与室内装饰, 2023, 30(2): 12–15.

[43] 俞凯. 中国传统明式家具的现代转译探索与研究[J]. 包装工程, 2020, 41(24): 150–161.

[44] 陈一磊, 金海明. 明式家具设计思想在现代展示设计中的应用[J]. 湖南包装, 2022, 37(6): 108–110.

[45] 徐皓. 中国传统家具在当代油画中的形式构建[J]. 中国油画, 2023(3): 75–75.

[46] 黎敏. 工业化形势下的古典家具用材概略[J]. 家具与室内装饰, 2005(6): 16–17.

[47] 李爽, 徐伟. 家具传统榫卯结构分析与改良设计实践[J]. 家具与室内装饰, 2019(5): 44–45.

［48］王洁，吴智慧，李兴畅. 曲线形构件在传统红木家具中的应用研究［J］. 家具，2014，35（1）：29–35.

［49］陈年. 传统家具制作走向工业机器人制作的优劣分析［J］. 林产工业，2023，60（4）：81–85.

［50］单勤琴，滕颖. 红木家具的销售策略研究［J］. 林产工业，2021，58（11）：127–129.

［51］张燕燕. 红木家具制造企业成品库存管理改善探析——以A红木家具制造企业为例［J］. 物流工程与管理，2012，34（12）：24–26.

［52］张佳琦，杨波，李兴畅，吴智慧. 红木家具企业构建"物流中心"的可行性研究［J］. 家具，2014，35（1）：67–71.

［53］孙宏萍. 标志设计对苏作家具品牌的价值提升研究［J］. 美与时代（上），2023（6）：83–85.

［54］黄兰，陈海霞. 浅析红木家具企业品牌建设和管理［J］. 林产工业，2021，58（1）：85–87.

［55］李兴畅，王洁，张佳琦. 大涌镇红木家具企业品牌战略管理初探［J］. 家具，2014，35（2）：70–74.

［56］李敏芝，陈倩玲，张继雷. 红木家具质量控制体系研究［J］. 家具，2013，34（4）：79–82.

［57］任志伟，石磊，夏金尉. 苏作红木家具标准化体系研究［J］. 中国标准化，2018（16）：34–35.

［58］游丽君. 原子吸收光谱法测定红木家具表面漆蜡中铅含量的不确定度评定［J］. 轻工科技，2020，36（9）：146–148.

［59］杨道陵，邢明，毛红. 广式古家具的Alias模型CNC验证及VR虚拟现实应用研究［J］. 轻工科技，2016，32（12）：102–104.

［60］朱家仪，陈海英. 明式家具榫卯结构在现代家具设计中的改良研究［J］. 家具与室内装饰，2019（7）：22–23.

［61］闫文玮，顾玉琦，寿国忠. 基于3D展示技术和NIRS的红木家具展销系统的设计［J］. 计算机测量与控制，2018，26（6）：134–137，144.

［62］范巍. 明式家具的人性化设计研究［D］. 北方工业大学，2016.

［63］孟露. 明式家具对现代家具可持续设计的启示［J］. 大众文艺，2022（3）：

53–55.

[64] 刘蕊. 明式椅类家具的人体工程学研究[J]. 包装工程，2016，37（6）：96-99，118.

[65] 周如俊. 情感化在传统家具设计中的应用研究——以"第二十七届中国国际家具展览会（2021中国国际家具展）"为例[J]. 林产工业，2023，60（4）：97–98.

[66] 彭素素，蒋晖. 木塑复合材料在传统中式家具中的应用探析[J]. 家具与室内装饰，2019（11）：38–39.

[67] 徐一菲，周丽华，吴传景. 面向年轻消费者的传统红木家具设计创新研究[J]. 工业设计，2021（10）：98–99.

[68] 穆娟娟，周橙旻. 现代生活方式下红木卧室家具功能优化探讨[J]. 家具，2017，38（3）：28–35.

[69] 杨静，余隋怀，杨刚俊. 明式家具榫卯结构的参数化设计系统构建与应用[J]. 西北林学院学报，2009，24（3）：163–166.

[70] 张磊，闫永蚕，张荣强. 古典家具多曲面逆向设计方法研究[J]. 设计，2018（17）：44–45.

[71] 饶金华，金海明，何少峰，王稣胤. 多功能新古典家具设计[J]. 大众文艺，2016（7）：69.

[72] 于畅. 新中式风格的全屋定制家具设计研究与实践[D]. 华南农业大学，2023.

[73] 景楠，苏建宁，张书涛. 传统家具现代化设计评价体系研究[J]. 家具，2015，36（05）：48-52，90.

[74] 胡景初. 论红木家具产业的转型与可持续发展[J]. 家具与室内装饰，2012（10）：11–12.

[75] 屠祺，任玥。中国红木家具衍生之路与未来走向[J]. 家具，2022，43（06）：63-66，6.

[76] 周丽华，颜文明，吴传景. 苏作红木家具产业的现状和发展思路研究[J]. 家具，2019，40（5）：61–64.

[77] 衡小东. 苏作家具数控人才培养模式研究——以高等院校数控木工人才培养为例[J]. 苏州工艺美术职业技术学院学报，2021（4）：43–45.

[78] 刘宗明，刘文金，杨元. 传统家具文化数字化教育平台构建及推广［J］. 数字技术与应用，2020，38（05）：158-160，162.

[79] 刘铁军，王浩阳，蔺明林.《中国传统家具研究》课程教学改革实践与探索［J］. 家具，2023，44（3）：91–96.

[80] 濮安国. 开创红木家具的新时代——红木家具是中国高端家具不可替代的品牌［J］. 家具，2008（S1）：28–32.

[81] 许美琪. 我国红木家具业的根本问题［J］. 家具，2015，36（1）：73–78.

[82] 戴国. 传统红木家具的传承与创新［J］. 家具与室内装饰，2009（8）：16–18.

[83] 唐开军，曾利. 现代中式家具［J］. 林产工业，2002，（04）：24-25，42.

[84] 刘娜，孙伟男. 传统实木家具榫卯结构创新设计与研究［J］. 美术大观，2014（6）：137.

[85] 姜飞宇，徐刚，樊夏宁，马郡鸿，吴俊华. 新中式椅凳家具的设计与创新［J］. 科技创新与应用，2021，11（16）：43–45.

[86] 刘文金，唐丽华. 当代家具设计理论研究［M］. 北京：中国林业出版社，2007.

[87] 许美琪. 中国当代家具文化的重建及其价值目标［J］. 家具，2018，39（1）：1-5，24.

[88] 朱云. 可持续发展视野下当代新中式家具的设计困境与思路［J］. 家具与室内装饰，2021（4）：38–42.

[89] 孙立军. 晋作家具元素在新中式家具中的设计应用［J］. 包装工程，2020，41（24）：170-176.

[90] 黄圣游，徐俊华，何蕊. 传统傣族家具的现代设计［J］. 包装工程，2018，39（20）：297–302.

[91] Huang K, Zhang Z F, Tao Z P, Liu H. Study on Key Technologies of the Green Furniture Design［J］. Applied Mechanics and Materials，2012，224：208–211.

[92] 徐广友. 大力传承和弘扬中华优秀传统文化［N］. 学习时报，2019-04-17：（A7）.